香港非物質文化遺產系列

正一道教儀式傳統

廖迪生　馬健行　著
香港科技大學　　支持

中華書局

目錄

第一章

導論

廖迪生

一、正一儀式專家

在香港的廟宇、神誕現場或殯儀館裏舉行的民間宗教儀式活動，我們都會看見穿着袍服、施演儀式的道士，他們主要是「正一」及「全真」兩個派別的儀式專家。他們按主家的要求提供服務，施演科儀，將主家的訊息送往超自然世界。他們作為中介，一方面幫助主家尋求神明的庇佑，另一方面施化幽魂，請祂們不要干擾主家。正一儀式專家工作的其中一個特色，就是到主家的地方為主家提供儀式服務。「正一道教儀式傳統」於 2014 年成為香港非物質文化遺產清單的項目之一。[1] 更於 2017 年，被確認為《香港非物質文化遺產代表作名錄》項目的一員。[2]

儀式的主家可以是個人，也可以是一個社區，而儀式的規模亦有大小之分。主家聘請儀式專家去為他們服務，解決他們的需要。但聘請哪一位或哪一派別的儀式專家，那是主家的選擇。如果主家是潮州人，很自然會聘請潮州傳統的儀式專家；客家人也便是聘請客家師傅；說廣東話的便可能選擇「正一」或「全真」系統的儀式專家，因為兩者都是以廣東話作為儀式語言。然而

1 非物質文化遺產辦事處，《香港首份非物質文化遺產清單》，網址：https://www.icho.hk/tc/web/icho/ich_inventory_of_hong_kong.html，擷取日期：2025 年 1 月 12 日。

2 非物質文化遺產辦事處，《香港非物質文化遺產代表作名錄》，網址：https://www.icho.hk/tc/web/icho/the_representative_list_of_hkich.html，擷取日期：2025 年 1 月 12 日。

「正一」與「全真」兩個派別的儀式專家所施演的科儀，在音樂及科儀安排上則有很大的分別。[3]

在香港，為民眾提供科儀服務的正一派道士，有長久的歷史傳統，他們的科儀是以廣東話喃唱及以廣東敲擊音樂伴奏，[4] 人稱「喃嘸先生」或「喃嘸師傅」，在新界，鄉民更會簡單的稱呼他們為「先生」。[5] 因為在以前的農村社會，大部分人都沒有讀書的機會，而喃嘸先生懂得文字，所以稱他們為「先生」。[6]

香港的全真派道士沿襲他們在南中國的傳統，本來主要是在宮觀內修行及提供科儀服務。至 1970 年代，他們才開始在宮觀以外的地方為公眾提供儀式服務。一些全真派的信士，掌握了全

3 全真道堂科儀音樂於 2014 年列入第四批《國家級非遺代表性項目名錄》，亦於 2017 年被確認為《香港非物質文化遺產代表作名錄》項目的一員，見前註。

4 正一派科儀的伴奏音樂也是廣東敲擊音樂，與粵劇的伴奏音樂一致。

5 有關正一道教傳統研究，參看廖迪生、馬健行：《香港民間儀式：與正一道教科儀專家漫談》（香港：香港科技大學華南研究中心，2021）；蔡志祥：《酬神與超幽》（上卷：香港傳統中國節日的歷史人類學視野、下卷：1980 年代香港新界清醮的影像民族志）（香港：中華書局，2019）；Ma, Kin-Hang, *The Survival of a Marginal Occupation: "Nammo" Ritual Specialists in Urban Hong Kong*, PhD Dissertation. Hong Kong: Hong Kong University of Science and Technology, 2015；黎志添、游子安、吳真：《香港道教：歷史源流及其現代轉型》（香港：中華書局，2010），頁 49-85；黎志添：《廣東地方道教研究：道觀、道士及科儀》（香港：中文大學出版社，2007），頁 165-222；鍾國發：《香港道教》（北京：宗教文化出版社，2010）。

6 廖迪生：〈文字的角色：在香港新界的一些田野研究經驗〉，《田野與文獻：華南研究資料中心通訊》，第 70 期（2013），頁 10-13。

真派的喃唱及科儀技藝後，成為「經生」，可以以業餘的方式參與由全真宮觀承辦的儀式服務。[7]

正一派道士是職業的儀式專家，他們以個人或「道院」的名義提供收費服務。有些道院更設有廳堂，可以作為小型儀式的壇場。而一些售賣祭祀用品的「衣紙舖」則會作為中介，為喃嘸先生接洽儀式生意，或為顧客提供轉介喃嘸先生的服務。在傳統社會，規模比較大的鄉村聚落，都會有在地的喃嘸先生為鄉民提供服務。這些喃嘸先生大多以家庭式、父子傳承的方式運作。

在過去百多年來，有很多來自廣東不同地區的移民來港定居，由於地方或族群背景的關係，需要科儀服務的主家每每有不同的科儀元素的要求，在規模上也有所分別。一個簡單的神位開光儀式，一位喃嘸先生便可以應付餘裕，但若果是一個家庭的「禮斗」祈福儀式，便要有數位師傅參與。若果是一個社區的太平清醮，便要在一年裏面，在不同的時間舉行科儀，也同時需要不同專長的喃嘸先生參與。由於喃嘸先生多是以個體或家庭形式運作，為了應付這些在不同時間、不同組合的科儀需求，喃嘸先生之間便形成合作網絡，相互支持配合。這也促成每位喃嘸先生都要掌握各項基本技能，才能夠彈性的在科儀中擔任不同的崗位。

7 有關全真道教傳統研究，參看 Ma, Kin-Hang, *Rituals in Publicity: The Transformation of a Taoist Monastery in Hong Kong's Northern New Territories*, MPhil. Thesis. Hong Kong: Hong Kong University of Science and Technology, 2009；黎志添、游子安、吳真：《香港道教：歷史源流及其現代轉型》，頁 117-155；鍾國發：《香港道教》；黎志添：《廣東地方道教研究：道觀、道士及科儀》，頁 57-125；Tsao, Ben-Yeh, *Taoist Ritual Music of the Yu-Lan Pen-Hui (Feeding the Hungry Ghost Festival) in a Hong Kong Taoist Temple*. Hong Kong: Hai Feng Publishing Co., 1989, pp. 1-47。

正一派喃嘸先生為公眾提供科儀服務，周期性的節慶活動是他們展現身手的場合。(①「山厦村十年一屆太平清醮」〔元朗屏山山厦，1991〕；②「錦田鄉十年一屆酧恩建醮」〔元朗錦田，1995〕；③「石澳村大浪灣村鶴咀村第十九屆太平清醮」〔石澳，2016〕)

二、民間宗教的神、鬼、祖先

南中國的民間宗教[8]的理念認為在超自然世界裏，有神明、鬼與祖先等三個超自然類別，與人類世界有着密切的互動關係，相互影響。[9]在王朝時代，王朝政府通過禮部，建立認可的神明體系。地方社會便從王朝國家的神明體系中選擇神明，建立廟宇供奉，作為地方的保護神，庇佑社區。地方社會也便需要籌辦周年慶祝活動，以酬謝神明的庇佑。[10]

神明在廟宇中得到供奉，信眾可以隨時到廟宇求神問卜，在神誕時到廟宇酬神。除了拜祭儀式活動之外，很多地方社會在廟宇設立公所，作為地方的議事中心，又或設立學校，為學童提供教育。廟宇也就成為地方社會的公共空間。[11]

當人類去世後，便進入超自然世界，這些去世的先人，得

8 有關民間宗教的討論，參看 Yang, C. K., *Religion in Chinese Society: A Study of Contemporary Social Functions of Religion and Some of their Historical Factors*. Berkeley: University of California, 1961；Teiser, Stephen F., "Popular Religion." *Journal of Asian Studies*, 1995, vol. 54, no. 2, pp. 378-395；Daniel L. Overmyer, Gary Arbuckle, Dru C. Gladney, John R. McRae and Rodney L. Taylor, "Chinese Religions: The State of the Field, Part II, Introduction." *Journal of Asian Studies*, 1995, vol. 54, no. 2, pp. 314-321；Liu, Tik-sang, "A Nameless but Active Religion: An Anthropologist's View of Local Religion in Hong Kong and Macau." In Daniel L. Overmyer (ed.), *Religion in China Today*, 2003, pp. 67-88；*China Quarterly*, Special Issues, no. 3. Cambridge: Cambridge University Press.

9 Wolf, Arthur P., "Gods, Ghosts, and Ancestors." In Arthur P. Wolf (ed.), *Religion and Ritual in Chinese Society*. Stanford: Stanford University Press, 1974, pp. 131-182.

10 Lagerwey, John, "The Emergence of a Temple-Centric Society." *Min Su Qu Yi*, 2019, issue 205, pp. 29-102.

11 廖迪生：《香港廟宇》（下卷）（香港：萬里機構，2022），頁 108-109。

厦村鄧氏宗族春秋二祭，父老穿着長衫，按輩份輪候，到香案前向祖先神位獻酒。（元朗厦村友恭堂，2024）

到後代的供奉而成為祖先，可以安穩地在另外一個世界生活。雖然死者的後代有責任照顧供奉先人，但祖先也有責任庇佑他的後代，兩者之間存在着供奉與庇佑的互惠關係。在宗族社會，同姓族人興建祠堂，供奉共同的祖先，定時舉行春秋二祭。但祠堂也同時是慶祝族人新生男嬰的地方，並於每年的點燈儀式，記錄出生的下一代，賦予他們宗族成員地位，從而延續宗族組織。

在傳統的父系繼嗣觀念之下，那些沒有後代供奉的人類，去世後便會成為鬼；冤枉而死的，便會成為冤鬼。而沒有子孫定時祭祀，為祂們準備衣食和紙錢的先人，在別無選擇之下，便會轉而打擾其他人，尋求其他人的施化。在民間觀念裏，這些幽魂也會透過家庭成員的婚姻關係干擾姻親，所以超自然的干擾，也可能是來自「女親外戚」。總的來説，幽魂是在不斷累積的。

簡而言之，先人之所以成為「祖先」或「鬼」，是在於祂們在人類世界的後代的行為。另一個鬼的來源，就是死者有解決不了的冤屈，使他們成為冤魂。因此，人類社會要進行一些宗教儀式去解冤，減少冤鬼的數目，但人們相信幽魂會不斷累積，所以要定時進行儀式的施化，讓祂們離開，不再干擾人類。

農曆二月十三日為洪聖誕，西貢滘西社區安排上演四日五夜神功戲；二月十二日下午及晚上，由喃嘸先生施演科儀，主持太平清醮。（西貢滘西，2014）

民間宗教活動中，宗族安排周年祭祖儀式，照顧族人的共同祖先；而太平清醮及盂蘭勝會等儀式，則為幽魂施化及解冤，使世界有一個太平的環境。這些周期性的儀式是民間社會的福利工作，締造一個太平的環境，大家便可以過着安穩的生活。

三、地方節慶活動

香港的面積雖然不大，但卻有數百間廟宇，分佈在不同的地方。地方社會建立廟宇，供奉地方的保護神，很多地方的主要廟宇都有數百年的歷史。[12] 廟宇是居民祈求神明庇佑的地方，由

12 有關香港廟宇及其神誕慶祝活動，參看廖迪生：《香港廟宇》（上下卷）（香港：萬里機構，2022）；黎志添：〈導論：香港地方廟宇、碑刻與歷史傳承〉，黎志添編著：《香港廟宇碑刻志：歷史與圖錄》（上冊）（香港：中文大學出版社，2023），頁 26-52。

糧船灣每逢雙數年份籌辦神功戲及太平清醮，太平清醮於農曆三月二十日開始，二十二日晚上完結。神功戲則於二十一日開始上演。上圖為太平清醮「走赦書」儀式。太平清醮期間，鄉民齋戒沐浴；踏入二十三日，鄉民便帶備燒豬及祭品，到天后廟上香慶祝天后生日。（西貢糧船灣，2024）

於可以供奉的神明都已經由王朝禮部規限，所以香港雖然廟宇眾多，但神明的數目卻不多。[13]

在香港，神明生日是重要的節慶日子，信眾在那一天帶同祭品到廟宇上香，酬謝神恩。很多地方社區每年都會安排神誕慶祝活動，酬謝神明的庇佑。這些活動是以慶祝地方保護神的名義

13 華琛（James L. Watson）：〈統一諸神：在華南沿岸推動天后信仰（960-1960）〉，華琛、華若璧編著：《鄉土香港：新界的政治、性別及禮儀》（香港：中文大學出版社，2011）頁 223-256。

啟榜儀式，「井欄樹村三十年一屆安龍清醮」。（西貢井欄樹，2011）

進行，例如天后誕、[14] 洪聖誕。而比較流行的慶祝方式是蓋搭戲棚，聘請戲班上演數天神功戲，讓神明觀看，以示感謝。[15]

有些地方，在正誕之前一天舉行小型的太平清醮，鄉民齋戒沐浴，聘請喃嘸先生施演科儀，施化孤魂野鬼，潔淨地方，到正誕的當天開齋食肉，迎接新周期的開始。[16]

廟宇神誕是周年慶祝活動，但有些地方則以鄉村聯盟為組織單位舉行太平清醮，一方面是酬謝地方廟宇及土地神明的庇佑，另一方面是施化幽魂，為地方社會帶來安穩的環境。由於這些太平清醮要動員所有聯盟鄉村參與，活動規模比較大，活動周期也

14 廖迪生：《香港天后崇拜》（香港：三聯書店，2000）。

15 Ward, Barbara E., "Regional Operas and their Audiences: Evidence from Hong Kong." In Johnson, David, Andrew Nathan and Evelyn Rawski (eds.), *Popular Culture in Late Imperial China*. Berkeley: University of California Press, 1985, pp. 161-187；華德英（Barbara E. Ward）：〈伶人的雙重角色：論傳統中國裏戲劇、藝術與儀式的關係〉，馮承聰等編譯：《從人類學看香港社會：華德英教授論文集》（香港：大學出版印務公司，1985），頁 157-182；陳守仁：《神功戲在香港：粵劇、潮劇及福佬劇》（香港：三聯書店，1996）；陳守仁、湛黎淑貞：《香港神功粵劇的浮沉》（香港：中華書局，2018）。

16 Saso, Michael R., *Taoism and the Rite of Cosmic Renewal* (2nd ed.). Washington: Washington State University Press, 1989.

「上水鄉六十年一屆太平清醮」醮場。（上水鄉，2006）

便比較長，多以十年為一周期。但也有較短的，以一、三、五年為一周期，亦有長達三十及六十年的。太平清醮的儀式活動期長達一年，首先在年初選出儀式代表，然後在年中舉行稟告天庭的儀式，最後在年底舉行核心儀式活動。

四、宇宙觀

雖然今天科學的發現和理論可以解釋人類如何生存在這個世界裏，但我們還是不知道人類究竟是在宇宙的甚麼位置、在哪一個時空？對一般人來說，宇宙是非常龐大的，也不明白宇宙的體系、星辰的運行。

南中國的民間宗教，有一套解釋超自然世界的方法，並且創造了一個系統，讓信眾依循，使大家對未來可以有所預期。例如太平清醮中的儀式活動是有規矩、有系統地重複的，當太平清醮按着傳統周期延續，社區成員自然會期待下一個太平清醮，因為大家知道今年參與了天后誕，明年也會有天后誕。這些周期性

的節慶活動讓信眾得到信心，覺得這個世界不會停下來，或突然消失。[17]

在這個民間宗教的體系裏，神明是在天庭，祂們會庇佑凡間的人類，但人類要懂得酬謝。相對地，這個世界亦有很多幽魂野鬼，會傷害人類，人類要向祂們施化，給祂們儀式及食物，而幽魂會累積，所以需要定期的祭鬼儀式，讓祂們接受施化後離開。

定期的、系統化的儀式，可以給予儀式參加者信心和冀盼，讓個人感覺到自己是實在的個體，以及自己在宇宙的位置。

五、人類生命周期

出生與死亡是人生必經的階段，而大部分人都會經歷成年（婚禮）及大壽的階段。在這個人生歷程中，家庭人口變動，社會組織改變，形成新的人際關係，相關成員便要作出適應。

在社會組織的層面上，當有嬰兒出生，家庭便增加了新成員。結婚是人生中的一個里程碑，新郎及新娘成為「成人」。結婚之後，新娘離開她本來的家庭，與夫家同住，成為丈夫家庭的新成員。結婚儀式宣佈新家庭的成立，新郎及新娘雙方家庭成員結構出現了改變，影響了本來的家庭組織，成員間的責任、權利與義務都要相應作出改變，大家都要面對新的人際關係。

17 Naquin, Susan and Chün-fang Yü (eds.), *Pilgrims and Sacred Sites in China*. Berkeley: University of California Press, 1992, pp. 1-38.

香港新界傳統宗族社會，發展出相應的生命周期儀式，協助宗族成員面對社會組織層面的變化。新生男丁需要參與傳統的點燈儀式，新翁則要帶領新郎及新娘到祠堂拜祭祖先，向祖先稟告兒子的婚禮。這些儀式都有確認宗族新成員的作用，幫助建立新的人際關係。另一方面，男子到了六十歲便成為「父老」，在宗族裏享有不同的地位，在春秋二祭時，父老更會代表宗族拜祭祖先。

家庭是一種社會組織。家庭裏面有父母、夫婦、子女的關係，蘊含相應的權利和義務。譬如父母有責任養育子女，到父母年紀大了，子女則有義務去供養父母。故親子間有一種互惠關係，這個互惠關係可跨越世代，也適用在祖先和子孫的關係上。當家庭成員離世，進入超自然世界的時候，家庭成員數目改變，成員之間的權利和義務的組成亦隨之改變。過渡期更牽涉財產繼承等問題，紛爭亦有可能出現。死亡儀式的其中一個功能就是回應社會關係以至權利和義務的改變。喪禮儀式中各人的角色，在某種程度上是展示解決問題的方式。

六、過渡禮儀

生老病死是重要的人生階段，在這些不同的人生階段，人類要面對社會關係和社會結構的改變。范金納普（Arnold van Gennep）提出「過渡禮儀」（Rites of Passage）模式的儀式中，儀式成員會首先進入（i）分離（Separation）階段，與其他社會成員分離，進入一個孤立的狀態；然後進入一個（ii）過渡或邊緣（Transition）階段，成員慢慢適應新的社會狀態及人際關係；到最後的（iii）聚合（Incorporation）階段，成員適應新的狀況後，回復原來的社會人際關係。[18]

在民間宗教的體系中，正一儀式專家維持着一套配合生老病死的儀式，而按照祈福或喪禮而分為「清壇」（紅事，亦有稱「青壇」）和「黃壇」（白事）兩類儀式。以死亡儀式為例，喃嘸先生主持的過渡禮儀幫助主家面對傷痛，是一個文化適應的機制。維持生物生命的功能永久終止，就是肉體上的死亡，但我們仍然可以惦記着逝去的人，在社會意義上，他們便仍然是「活」着。在死亡儀式的過程中，建立起死者的神位，讓後人供奉。傳統的族譜把祖先的名字記錄下來，對保存、翻看族譜的人來說，他們的祖先在社會性質上是存在的，未完全死亡。雖然他們離開了人類世界，但名字仍然維持在後世的記憶之中。儀式便是幫助我們去維持與先人的連繫，適應家庭成員的離去，從肉體死亡過渡到社會記憶。[19]

死亡儀式另一個最重要的功能，是解除死亡所帶來的「煞氣」，也就是指理念上的「儀式污染」，人們認為「死亡污染」可以給人帶來噩運。[20] 若果以一個文化適應的角度來理解，當大

18 Van Gennep, Arnold, *The Rites of Passage*. Chicago: University of Chicago Press, 1961.

19 若果後代忘記了先人的名字，那位先人也便在人類社會上消失，也就是肉體及社會上的死亡。

20 華琛（James L. Watson）：〈骨與肉：廣東社會對死亡污染的處理〉，華琛、華若璧編著：《鄉土香港：新界的政治、性別及禮儀》（香港：中文大學出版社，2011），頁 293-320。

家未能理解某些人的死亡原因，害怕死者會將病害傳染時，對死亡的忌諱是一個文化適應的機制。坊間有很多不用出席喪禮的理由，譬如生肖相沖的，或運氣欠佳的人，都不應該參加喪禮。然而子女及至親則有責任去參加喪禮守孝，承受死亡的污染，於是形成喪禮參加者有等級、親疏分別的不同角色。

有家庭成員去世，大家要吃素，停止社會活動，喪禮儀式讓成員暫停既有的社會關係。這時，在過渡期的家庭成員為成員離世感到傷心，心理上很脆弱。世俗認為喪家受「穢」的污染，家人不應該到別人家裏探訪，以免污染別人的祖先神位。這些文化習俗，讓大家暫停社會活動，去適應成員去世而起的變化，慢慢回復，面對新的社會關係。

家庭成員在喪禮儀式中承受「儀式污染」，但儀式亦會幫助成員面對和慢慢解除污染，讓他們慢慢由「穢」的階段回復正常。在喪禮最後要進行「應紅」(亦有稱「纓紅」)及「脱孝」等儀式，慢慢把污染的程度降低，然後回復正常的狀態。在整個過程中，喪家避免社交活動，讓自己有一個平靜的環境去面對。大家亦會視之為社交禮儀，避免互相打擾，希望幫助有家庭成員去世的家庭去適應改變，走出傷痛。

儀式過後就是聚合的階段，成員慢慢回復到正常的社會狀態，然後根據新的人際關係去發展。

七、非物質文化遺產的保護

在全球化的衝擊下，很多地方傳統及手工藝逐漸消失。2003

年，聯合國教科文組織號召各國保護自身的地方傳統，提出《保護非物質文化遺產公約》（下稱《公約》）。至 2006 年，參與《公約》的成員國達至三十個，《公約》也便正式生效。中國是公約成員國之一，一直致力實行各項保護非物質文化遺產的工作，香港政府也跟從，並於同年開展非物質文化遺產的保護工作，[21] 並建立起香港的「非物質文化遺產」（簡稱「非遺」）體系。

根據《公約》中的定義，「非遺」是指「被各社區、群體，有時是個人，視為其文化遺產組成部分的各種社會實踐、觀念表述、表現形式、知識、技能以及相關的工具、實物、手工藝品和文化場所。『非遺』世代相傳，在各社區和群體適應周圍環境以及與自然和歷史的互動中，被不斷地再創造，為這些社區和群體提供認同感和持續感，從而增強對文化多樣性和人類創造力的尊重。在本公約中，只考慮符合現有的國際人權文件，各社區、群

21 廖迪生：〈香港「非物質文化遺產」：新的概念、新的期望〉，廖迪生編：《非物質文化遺產與東亞地方社會》，（香港：香港科技大學華南研究中心、香港文化博物館，2011），頁 5-29；廖迪生：〈傳統、認同與資源：香港非物質文化遺產的創造〉，文潔華編：《香港嘅廣東文化》（香港：商務印書館，2014），頁 200-225；鄒興華：〈保護非物質文化遺產——香港經驗〉，廖迪生編：《非物質文化遺產與東亞地方社會》（香港：香港科技大學華南研究中心、香港文化博物館，2011），頁 111-137；Chan, Selina Ching, "Heritagizing the Chaozhou Hungry Ghosts Festival in Hong Kong." In Christina Maags and Marina Svensson (eds.), *Chinese Heritage in the Making: Experiences, Negotiations and Contestations*. Amsterdam: Amsterdam University Press, 2018, pp. 145-167；Khun, Eng Kuah-Pearce and Zhaohui Liu (eds.), *Intangible Cultural Heritage in Contemporary China: The Participation of Local Communities*. London: Routledge, 2016。

體和個人之間相互尊重的需要和順應可持續發展的非物質文化遺產」。[22]

《公約》內的「非物質文化遺產」分為五個類別：

1. 口頭傳統和表現形式，包括作為非物質文化遺產媒介的語言；
2. 表演藝術；
3. 社會實踐、儀式、節慶活動；
4. 有關自然界和宇宙的知識和實踐；
5. 傳統手工藝。

2006 年，中央政府實施《公約》的第一年，便設立了《國家級非物質文化遺產代表性項目名錄》（下稱《國家級名錄》）。粵港澳三地政府聯合申報的「粵劇」和「涼茶」便成為首批入選《國家級名錄》的項目。

2009 年，香港政府將「中秋節——大坑舞火龍」、「大澳端午龍舟遊涌」、「長洲太平清醮」及「香港潮人盂蘭勝會」申報成為國家級項目。這四個項目在 2011 年入選了第三批《國家級名錄》，成為香港首批自行申報成功的國家級項目。2014 年，「西貢坑口客家舞麒麟」、「黃大仙信俗」、「全真道堂科儀音樂」及「古琴藝術（斵琴技藝）」入選了第四批《國家級名錄》；2021 年，

22 UNESCO. United Nations Educational, Scientific and Cultural Organization. "Text of the Convention for the Safeguarding of the Intangible Cultural Heritage." https://ich.unesco.org/en/convention (accessed on June 30, 2022).

「香港天后誕」和「香港中式長衫製作技藝」入選了第五批《國家級名錄》。現在香港共有十二個國家級項目。

2009 年，粵港澳三地聯合申報的「粵劇」，得到聯合國國教科文組織的肯定和認同，並且正式被批准列入《人類非物質文化遺產代表作名錄》，是香港首項世界非物質文化遺產。在同一次的申報中，由福建主導申報的「媽祖信俗」亦被接納成為《人類非物質文化遺產代表作名錄》的項目。在香港，「媽祖」稱為「天后」，「香港天后誕」在 2021 年成為《國家級名錄》項目之時，也成為世界非物質文化遺產之一員。

（一）香港的非物質文化遺產體制

隨着《公約》於 2006 年生效，當時特區政府在香港文化博物館內設立了「非物質文化遺產組」（非遺組），處理有關保護非遺的工作。2015 年，非遺組升格為「非物質文化遺產辦事處」，並於 2016 年在荃灣三棟屋博物館設立「香港非物質文化遺產中心」，透過舉辦各種活動來提高公眾對非遺的認識。

特區政府於 2008 年成立了非物質文化遺產諮詢委員會，由本地學者、專家和社區人士組成，就非遺之普查及保護措施等方面向特區政府提供意見。2009 年，康樂及文化事務署委託香港科技大學華南研究中心，進行全港性的非物質文化遺產普查計劃，以檢視仍存在於香港的非遺項目。2013 年，經非遺諮詢委員會草擬了一份建議非遺清單，當中包括了四百七十七個主及次項目。其後進行了四個月的公眾諮詢，非遺諮詢委員會在參考公眾意見後，將建議清單項目增至四百八十個。2014 年，該清單獲得特區政府確認並成為首份《香港非物質文化遺產清單》（下稱《清單》)。[23] 而「正一道士傳統」則分別以「新界」及「市區」成為《清單》上的兩個主項目。

另外，非遺諮詢委員會選出了多項具有高文化價值和急需保存的項目，以便為保育工作訂立緩急先後次序。於 2017 年，康樂及文化事務署公佈首份包含了二十個項目的《香港非物質文化遺產代表作名錄》，[24] 作為香港非遺保育工作的參考依據。「正一道教儀式傳統」也成為其中的一員，成為香港重要的非物質文化遺產。

由 2006 年至 2017 年，經過十一年的努力，香港政府確立了《香港非物質文化遺產清單》及《香港非物質文化遺產代表作名錄》，還成立了「非物質文化遺產辦事處」和「香港非物質文化遺產中心」，使得香港非遺的保育工作可以有系統地進行。

香港非物質文化遺產代表作名錄(2024)

表演藝術

- 粵劇
- 西貢坑口客家舞麒麟
- 全真道堂科儀音樂
- 南音

23　見註 1。2024 年，《清單》更新，清單項目增至五百零七個。

24　見註 2。2024 年，《代表作名錄》更新，項目增至二十四個。

社會實踐、儀式、節慶活動

- 長洲太平清醮
- 大澳端午龍舟遊涌
- 香港潮人盂蘭勝會
- 中秋節—大坑舞火龍
- 黃大仙信俗
- 宗族春秋二祭
- 香港天后誕
- 中秋節—薄扶林舞火龍
- 正一道教儀式傳統
- 食盆
- 點燈
- 大埔端午遊夜龍
- 盂蘭勝會

有關自然界和宇宙的知識和實踐

- 涼茶

傳統手工藝

- 古琴藝術（斲琴技藝）
- 港式奶茶製作技藝

- 紮作技藝
- 香港中式長衫和裙褂製作技藝
- 戲棚搭建技藝
- 廣彩製作技藝

（二）正一道教儀式傳統內容

2017 年，「正一道教儀式傳統」成為《香港非物質文化遺產代表作名錄》項目，包含新界及市區正一道教儀式傳統。[25] 若以 2014 年的《香港非物質文化遺產清單》作為參考，根據當時建立清單時的普查結果，與正一道教儀式傳統相關的，有以下的主及次項目：

1. 正一道士傳統（新界）

在香港新界，正一科儀有長久的傳統，由專職的喃嘸先生傳承，他們受聘主持各類型的儀式活動：

25 非物質文化遺產辦事處「代表作名錄」中有關項目的描述：「道教傳統中分別以『正一』和『全真』兩個道派最具代表性。香港的正一道教儀式傳統主要來源於清代民國廣東珠江三角洲地區，可分為新界及市區兩個正一派儀式傳統。新界的正一道教儀式傳統，主要來自東莞及新安地區的正一派，常見的齋醮法事包括太平清醮、安神、祠堂開光儀式、廟宇重修儀式、廟宇開光儀式及蹔符等祭祀活動。市區的正一派道士多傳承着廣州地區正一道館的科儀傳統，儀式有清壇和黃壇兩類，分別包括吉慶紅事和殯儀白事儀式。」（非物質文化遺產辦事處網頁，〈正一道教儀式傳統〉，網址：https://www.icho.hk/tc/web/icho/representative_list_zhengyi.html，擷取日期：2023 年 10 月 12 日）。

（i）太平清醮：主持正一派太平清醮儀式。

（ii）安神儀式：為主家離世親屬舉行「遊九州」儀式，安坐神位讓家人供奉。

（iii）祠堂開光儀式：為祠堂舉行進火開光儀式，將宗族祖先神主牌歸位。

（iv）廟宇重修儀式：主持興工、請神出火、拆天面和上樑等儀式。

（v）廟宇開光儀式：主持竣工開光儀式。

（vi）釁符儀式：當地方進行大型工程時，設立五方土地神位，以保護地方人口平安。

2. 正一道士傳統（市區）

在香港市區，正一科儀分清壇和黃壇兩類：清壇指紅事儀式，包括建醮、禮斗、脱禍（脱學）、祭幽和開光等儀式；黃壇指白事儀式，俗稱「打齋」。

3. 傳統喪葬儀式

傳統喪葬儀式以土葬為主，現今市區流行火葬，儀式在殯儀館舉行。喪葬儀式主要有唸倒頭經、破地獄、買水、入殮、運財、辭靈、應紅宴（纓紅宴）及解穢酒等。部分新界地方仍然維持土葬儀式。

4. 紮作技藝

紙紮製成品是由竹、竹篾、紗紙及絹布等物料紮成的立體結構，經上色和組裝而成。喃嘸先生精於紮作他們儀式中所採用的紙紮製成品，包括：

（i）大士王：大士王為盂蘭勝會或醮會儀式中的紙紮神像，傳統的紮法是以竹篾和紗紙製成。製作工序包括紮作大士王身體各部分、裝嵌及剪貼配搭鎧甲等。

（ii）紙料（紙祭品）：紮作的紙祭品是傳統儀式法事的組成元素，以竹篾及紗紙製成。現今祭品多用於喪葬儀式中，常見祭品包括紅白旛、牌位、仙鶴、金銀橋、沐浴亭、紅槓、花園洋房、金銀山、文明轎及望鄉台等。

第二章

正一道教儀式專家

廖迪生

第一節　歷史發展

在地理、文化與社會的層面上，香港是珠江三角洲的一部分，以正一道教儀式傳統來説，大家都有着共同的歷史傳統。在中國傳統王朝體制下，王朝政府對地方社會的支持是有限的，地方社會都要自己解決問題，例如維持種植稻米的水利系統、保護鄉村的治安組織等。同時，地方社會也組織以地方保護神為焦點的慶祝活動，例如天后誕、洪聖誕及大平清醮等，成為凝聚社區成員的周期性活動。這些儀式活動當中很多都需要聘請喃嘸先生幫忙。

1842 年，英國管治香港之後，香港島及九龍半島開始發展，市區在維多利亞港兩岸形成。香港鄰近南中國人口陸續移居香港，廟宇及民間宗教活動也便漸漸發展起來。然而，早在 1842 年前，香港島及九龍半島上已有一些歷史悠久的聚落，例如九龍東的衙前圍村及香港島的石澳，[1] 到現在還維持着十年一屆的太平清醮。

另一方面，油蔴地、筲箕灣、紅磡、香港仔等沿岸海灣則是漁民聚集的地方，[2] 他們雖然居住在船上，但也需要附近陸上的喃

1 Chan, Wing-hoi, "Observations at the Jiu Festival of Shek O and Tai Long Wan, 1986." *Journal of the Hong Kong Branch of the Royal Asiatic Society*, 1986, Vol. 26, pp. 78-101.

2 Kani, Hiroaki, *A General Survey of the Boat People in Hong Kong*. Hong Kong: Southeast Asia Studies Section, New Asia Research Institute, Chinese University of Hong Kong, 1967；Ward, Barbara E., *Through Other Eyes: An Anthropologist's View of Hong Kong*. Hong Kong: Chinese University Press, 1989；陳子安：《漁村變奏：廟宇、節日與筲箕灣地區歷史，1872-2016》（香港：中華書局，2018）。

嘸先生提供服務。這些漁港都有歷史悠久的廟宇，供奉着地方社會的保護神；地方社會也會為保護神的生日舉行神誕慶祝活動。油蔴地及紅磡則發展出很多正一道堂，為在水上生活的居民提供科儀服務。

新界的聚落都有很長久的歷史，其中不少更是具有數百年歷史的大宗族聚落。[3] 1898 年，英國租借新界，目的是要設立一個緩衝區，以免深圳河以北的動盪影響到英國人在香港島及九龍半島的利益。英國人接管新界時，鄉民反抗英國的管治而發生了「六日戰爭」。[4] 之後，港英政府容許新界居民維持他們的風俗習慣，當然那是有一個前提，就是新界社會不要挑戰港英政府的管治權威。在港英政府的管治期間，新界的地方傳統文化並沒有太大的改變。地方社會也能夠維持他們的傳統，例如正一派道士受聘於村裏進行各種齋醮儀式，包括安神、廟宇及祠堂開光、太平清醮、薑符及喪葬等活動。

陸上農民與水上漁民因面對不同的生活環境，故延續着不一樣的儀式傳統，所以無論是陸地上，還是水上，不同背景的主家都可能有不一樣的儀式元素要求。正一儀式專家一方面維持着他們的師承體系，傳承正一科儀傳統；同時他們也掌握不同族群傳統所要求的元素，因而形成了具香港特色的正一道教傳統科儀體系。

3　Faure, David, *The Structure of Chinese Rural Society: Lineage and Village in the Eastern New Territories*. New York: Oxford University Press, 1986.

4　夏思義（Patrick H. Hase），林立偉譯：《被遺忘的六日戰爭》（香港：中華書局，2014）。

第二節　都市化過程中的正一科儀

英國人管治香港之後，市區在維多利亞港兩岸發展，當時的維多利亞港還有不少水上人口，他們從事漁業及水上運輸工作，維多利亞港兩旁的船隻避風塘是這些水上群體的集中地，例如在油麻地及紅磡等地，正一派道士開設道院（或道堂），[5] 提供祈福（紅事）科儀服務。[6] 這是由於漁民及海上作業群體停泊地點不固定，缺乏屬於他們的儀式空間，喃嘸道院便可以成為他們舉行科儀的地方。

在過去的百多年來，香港的人口不斷增加，尤其在二次大戰之後，而大部分移民都是來自鄰近香港的廣東省。當中來自潮州及海陸豐等地的移民，慢慢地發展出了他們的周年盂蘭勝會，以他們家鄉的傳統宗教儀式進行，[7] 由他們族群傳統的儀式專家主持，所以不是本書的討論範圍。而來自珠江三角洲的移民，他們在都市的環境中，並沒有發展出如新界太平清醮等周期性社區儀式活動，但他們卻如潮州及海陸豐等地的移民般籌辦盂蘭勝會，只是不同的是他們會聘請正一儀式專家施演科儀。

近數十年來，香港的都市化令到市區正一儀式的需要出現了

5　在報章報道及政府公文中，則多以「道館」名之。

6　黎志添、游子安、吳真：《香港道教：歷史源流及其現代轉型》（香港：中華書局，2010），頁 85。

7　陳蒨：《潮籍盂蘭勝會：非物質文化遺產、集體回憶與身份認同》（香港：中華書局，2015）；周樹佳：《鬼月鈎沉：中元、盂蘭、餓鬼節》（香港：中華書局，2015）。

在道院內舉行的正一道教科儀。（九龍油蔴地，2023）

很大的轉變。一方面，由於市區人口大幅增加，政府不斷在市區進行填海造地，令到維多利亞港兩岸的避風塘空間萎縮，加上漁業及海上運輸業式微，水上居民人口大幅減少，形成對水上傳統的正一儀式，尤其是祈福（紅事）的需要大大減少。另一方面，隨着舊區和公共屋邨重建，居民組織解散，令到市區採用正一儀式的盂蘭勝會日漸式微。

香港的人口增加，死亡人數也相應增加，在都市化的環境中，在衛生要求下，喪禮儀式都只可以在殯儀館內舉行。由於公眾對喪禮科儀的需求增加，正一科儀專家也便轉往殯儀館提供喪禮科儀服務。在殯儀館的制度化管理之下，配合營業時間的安排，儀式內容有所修改，從而形成一套具香港都市特色的喪禮科儀。[8] 都市移民的下一代對新界鄉村的社區儀式等傳統並沒有概念，對他們來說最重要的只是如何解決人生最後一程的喪禮儀式。

8 一些喃嘸先生強調，雖然他們同時主持清壇及黃壇的科儀，但喪禮科儀是屬於「靈寶派」，不是「正一派」的範疇。

在 1960 至 1970 年代，維多利亞港兩岸的避風塘有不少水上人家，他們都對正一道教科儀服務有需求。圖為油蔴地避風塘空中攝影圖，1963 年。（香港特別行政區政府地政總署航空照片，圖幅編號：1963-5131）

自港英政府於 1970 年代在新界建立衛星城市起，新界開始受到都市化的影響。政府在元朗、屯門、沙田、大埔及北區發展新市鎮，建築公私營屋邨，建立公路交通體系。及至 1990 年代，都市化影響更趨顯著，造成儀式場地短缺，以致原來的儀式巡遊活動路線被限制或取消等，對太平清醮、盂蘭勝會等大規模的科儀活動影響甚鉅。

第三節　正一師承體系與分工

喃嘸先生的工作，是透過施演科儀，把主家的訊息送上天庭，達至超自然世界。喃嘸先生強調他們是透過師承的制度來傳承正一科儀體系，按照科儀書的內容，以及師傅的教導而施演科儀。科儀書就是正一科儀的核心組成部分。喃嘸先生要按照師承體系的科儀書，施演自己承襲的一套科儀，所以要成為一位正一儀式專家便需要擁有自己的科儀書。然而，要師傅認為徒弟可以繼承，才會將那套科儀書傳授給徒弟。不同科儀書的內容可能有所出入，或因抄寫而起，也因所記載的只是各自師承的不同傳統。這不但能證明師承門派，也是師徒關係的證明。

現在書寫文件可以透過影印複製，而從前的科儀書都是用手抄寫。加上在喃嘸先生的科儀裏所需準備的表、牒及榜文，也都需要依靠抄寫。因此，練習書法也是喃嘸先生日常工作的一部分。

一堂科儀包括現場的經文喃唱、音樂吹打、組織施演的工作，而在進行儀式之前，要將表、牒和榜文等儀式文書，以及紙紮儀式祭品與用具等準備妥當。喃嘸先生的基本工作包括：

「喃唱」：指喃誦經文，按科儀書的文字內容進行唸誦；
「吹打」：演奏嗩吶、簫、二胡等管弦樂器，以及打鈸、鑼、鼓等；
「施演」：科儀組織，步罡踏斗；[9]
「書寫」：指書寫榜文、牒文、對聯等；
「紮作」：製作大士王、紙馬、紙屋、紙花園、金銀橋等紙祭品。

喃嘸先生的訓練與傳承基本是通過父子或師徒相授的形式進行，徒弟跟從師傅工作，在實際儀式中觀察學習，再加上師傅的指導。平時，則要練習書寫、吹打及紮作等。傳統上，正一派師傅要懂紮作，因為不同儀式需要配合不同的紙紮品。以前如果儀式在偏遠地方進行，沒有人可以做紙紮，喃嘸先生便要親自動手製作。

當然，徒弟跟從的師傅並不一定能夠精通所有範疇的工作，以吹打為例，一些希望向掌板方面發展的，會跟隨粵劇戲班的掌

9　「罡」原指北斗星的斗柄，後以「天罡」泛指北斗星。「斗」指北斗。「步罡踏斗就是高功法師假十尺見方的土地上，鋪設畫有二十八宿星象的罡單，作為九重之天，然後在罡單之上，腳登雲靴，隨着道曲，沉思九天，按斗宿之象，默念咒訣，徐步踏之，以召請神將、伏魔降邪或者神飛九天、奏達表章。」（卿希泰編：《中國道教》（4 冊）（滬版）第 3 冊〔上海：知識出版社，1994〕，頁 204。）

板師傅[10] 學習，而希望增進嗩吶方面的技藝的，就會另外跟從資深醮師學習。

因為一位喃嘸先生需要掌握各方面的功夫，所以一般的喃嘸先生在其行業的學習過程中，會向不同的師傅學習不同的技藝。因此一位喃嘸先生也會師承自不同的師傅。

第四節　施演科儀的團隊

主家聘請喃嘸先生到他們的地方施演科儀，便要提供壇場的空間，而喃嘸先生亦需要主家合力為科儀作準備。通常食物祭品由主家負責，而紙紮祭品則由喃嘸先生安排。當然，所有事情的安排都是由主家與喃嘸先生協商的結果。基本上，喃嘸先生要在事前準備好與儀式相關的文書、表牒、榜文及紙紮祭品等。主家也可以到喃嘸先生的道院舉行科儀，那麼壇場的準備工作便是喃嘸先生的事情了。

一個簡單的正一科儀的施演，可以由一位喃嘸先生負責，也就是説，他會集動作、喃唱及音樂於一身。但若是一堂祈福禮斗儀式，喃嘸先生便需要成立一個由五至六名成員組成的科儀施演團隊合力進行，負責儀式動作及喃唱的三位會穿上道袍，由高功領導。音樂方面，由掌板領導，但也同時需要一位醮師負責吹奏嗩吶。

10　喃嘸科儀中的音樂與粵劇的音樂，都是以敲擊音樂為領導的廣東音樂。

若果一堂為期數天的太平清醮科儀，當中喃唱、文書以及準備不同紙紮品等各項工作都需要由不同的喃嘸先生負責，這樣也便需要不同的人手組合。於是承接太平清醮科儀的喃嘸先生便要組織團隊，以應付不同的工作。傳統上，一個正一科儀的施演單位的崗位包括：

「高功」：主持請神、發奏、誦經；
「都講」：儀式及音樂的指揮，控制儀式的流程；
「表白」：負責朗讀疏文，輔助喃唱；
「侍經」及「值壇」：處理壇場的雜項事務；
「醮師」：負責吹奏嗩吶及敲擊音樂。

「高功」由資深成員擔任，為施演科儀的主角；「都講」是整個儀式的指揮，控制儀式的節奏及進度，也稱為「二手」；「表白」負責朗讀疏文、讚頌等工作，也稱為「三手」；「侍經」及「值壇」則協助處理壇場內的所有事務；而「醮師」則負責演奏嗩吶、二胡及打鑼。由於不同的科儀有不同的內容，所以在施演時，承辦的喃嘸先生會依據團隊成員的經驗及專長，安排他們擔任各個科儀內的不同職位。

直到現在，香港的所有喃嘸先生都是男性，若以家庭為傳承單位的，都是以父子傳承的方式延續，並沒有出現傳授給女兒的情況，所以在儀式壇場裏工作的喃嘸先生基本上都是男性。

喃嘸先生工作的時候，雖然沒有指定的工作服，但他們都習慣穿上傳統「唐裝」服飾。在進行科儀時，負責施演及喃唱的會穿上道袍及頭戴黑色道冠（稱為「道巾」）。資深的喃嘸先生強調穿上袍服時行為舉止要莊重，他們在儀式正式開始時，才會穿上道袍及戴上道巾，而當儀式完結時，便會馬上脫下道袍及道巾，同時將之摺疊妥當。

「高功」是儀式的主持人，雖然在大部分的儀式裏，他都穿着與其他喃嘸先生一樣的道袍，但他會戴上有珠花裝飾的彩色道冠。旁人一看便知道他是儀式的領導人。

「醮師」是負責吹奏嗩吶的成員，當有些儀式不需要嗩吶的時候，他們便會幫忙演奏其他的敲擊音樂。另外，醮師工作時不用穿着道袍，他們主要穿着唐裝衫。在比較重要的儀式開始前，會有一個「響金」環節，演奏開場音樂，那便需要多達五位或以上負責音樂的成員。那時，喃嘸先生便要變身為掌板、打鈸和鑼的樂師，再加上一至二名吹奏嗩吶的醮師組成奏樂團隊。

嘸喃先生的團隊組織是有彈性的，這主要看主家的要求與承接科儀的喃嘸先生的安排。主家需要的儀式服務可以是大型的，也可以是小型的。小型的儀式，只需一位師傅即可，但大型的，例如太平清醮便需要多名儀式專家一同合作。因此，當他們受聘為主家進行儀式服務，而儀式需要多於一名師傅時，他們便要組織成員共同提供儀式服務。很多時候，一場法事裏面有不同的科儀組合，例如太平清醮是要求有多個不同崗位的組合，統籌的負責人便要考慮如何組織成員。由於儀式專家大都是以個人身份提供服務，他們便要具有彈性及不同的關係網絡，以增加獲得工作的機會。

在傳統社會，每個地方都會需要喃嘸先生提供的儀式服務，所以喃嘸先生便很自然地在地理上平均分佈。可以想像，每一條有規模的鄉村都會有在地的儀式專家，由一個家族傳承這個體系。當有鄉民需要儀式服務的時候，他們便應聘到主家的地方提供服務。當他們到達主家的地方時，便要配合現場環境設立壇場，然後舉行儀式。他們需要帶備壇場裝飾、器材及紙紮品等，亦有可能面對交通不便的問題。因此，很多情況下都需要作彈性處理，才可以適應不同場地的要求。近年香港交通發展愈趨完善，也讓喃嘸先生的服務增加了彈性，可以更方便地在新界、市區及離島等不同地區提供服務。

第五節　地方特色與科儀傳統

地方社會舉行大規模的儀式活動，都需要聘請儀式專家作主持，傳統鄉村大多聘請正一喃嘸先生負責，喃嘸先生會按照他們的一套師承訓練安排儀式活動。通常這些活動都有悠久的歷史，而在活動組織和儀式安排方面，每一個地方都會有屬於自己的一套方式。加上在每次舉辦活動，組織單位都需要籌募經費，所以在面對財政壓力的情況下，地方社會因應支持者的要求，或需作出新的安排。以太平清醮為例，每個地方的清醮科儀日數、安排次序，以及緣首數目都不一樣。由於正一科儀是一個讓主家參與的活動，對歷史悠久的清醮主家來説，他們都會有自己的儀式組織方式及細節要求，而參加的鄉民也會按照他們自己的看法而有所要求。

太平清醮上表儀式：①正一喃嘸先生儀式團隊由兩部分組成，圖中前排五位穿袍服的負責儀式動作，站在中間的是高功，領導儀式的進行；圖右的幾位則負責敲擊音樂及吹奏哨吶；②演奏開場音樂的「響金」環節，由「掌板」領導。（元朗八鄉元崗，2018）

紮作儀式用具——行符紙船。（西貢蠔涌，2020）

喃嘸先生為鄉民的香木繪畫彩色圖案，香木在太平清醮期間燃點，供奉神明。（山廈，1991）

書寫是喃嘸先生的工作之一。（元朗沙江圍，2019）

由於儀式專家往往需要按地方社會的傳統，在儀式安排上作出調整，所以在施演科儀、喃誦經文的內容上，主家基本上都不會有意見，當中需要協調的主要是舉行科儀的地點，及需要與鄉民互動的科儀環節等。因此，每一個太平清醮儀式所展現的不單是正一道教科儀傳統，同時也包含了很多地方元素，展示着每個鄉村社區的獨特之處，喃嘸先生便要與各處鄉村的要求相互配合。

喃嘸先生強調他們要了解地方社會的傳統，然後與本身師承體系結合，所以同一個儀式在不同地方施演，都可能有所分別。這正正就是喃嘸先生常說的「一處鄉村一處例」。

「粉嶺村太平清醮」神功戲戲棚。（粉嶺，2000）

第三章

太平清醮

廖迪生

在香港，新界很多地方都會定期舉行大規模的周期性太平清醮，清醮多由眾多鄉村組成的鄉約聯盟[1]籌組，不同的地方有不同的活動周期，通常是每隔五至十年舉行一次，也有比較頻密的每一年都舉行，但也有的是每三十年或六十年才做一次。

太平清醮俗稱「打醮」，在字典上的解釋，「醮」是儀式的意思。[2]簡單來説，「打醮」即是「做儀式」；清是清淨，是好的意思。太平清醮是通過喃嘸先生施演科儀，潔淨地方，與超自然世界溝通，保佑地方太平。[3]清醮儀式的對象是幽魂與神明。鄉民[4]

1 Brim, John, "Village Alliance Temples in Hong Kong." In Arthur P. Wolf (ed.), *Religion and Ritual in Chinese Society*. Stanford: Stanford University Press, 1974, pp. 93-103.

2 「醮有二義，一作冠娶之禮解，一作祭儀解。」（卿希泰編：《中國道教》（4 冊）（滬版）第 3 冊〔上海：知識出版社，1994〕，頁 177。）

3 有關太平清醮的研究，參看田仲一成著，錢杭、任余白譯：《中國的宗族與演劇：華南宗族社會中祭祀組織、儀禮及其演劇的相關構造》（香港：三聯書店，2019）；蔡志祥：《酬神與超幽》（香港：中華書局，2019）；蔡志祥：《打醮：香港的節日和地域社會》（香港：三聯書店，2000）；蔡志祥：〈族群凝聚的強化：長洲醮會〉，陳慎慶編：《諸神嘉年華：香港宗教研究》（香港：牛津大學出版社，2002）頁 199-221。馬健行：〈轉變中的潔淨社區儀式：佛堂門天后誕太平清醮個案研究〉，蔡志祥、韋錦新編：《延續與變革：香港社區建醮傳統的民族誌》（香港：中文大學出版社，2014），頁 413-438；廖迪生：〈一個 30 年的約會：記井欄樹村「安龍清醮」〉，《田野與文獻：華南研究資料中心通訊》，第 66 期（2012），頁 1-6；蔡志祥、韋錦新、呂永昇：《儀式與科儀：香港新界的正一清醮》（香港：香港科技大學華南研究中心，2011）；Chan, Wing-hoi, "Observations at the Jiu Festival of Shek O and Tai Long Wan, 1986." 1986。

4 本書「鄉民」泛指太平清醮的參加者，主要是因為清醮為傳統活動，而現在依然是沿着傳統鄉村組織範疇進行。然而現今香港已非農村社會，在都市化的影響下，村民也不一定住在鄉村裏，有些更已經移居海外。「鄉民」一詞只是強調參與者的傳統鄉村成員身份。

相信超自然世界中有很多幽魂野鬼，會為大家帶來麻煩。打醮的目的是施化幽魂，幽魂得到祭品、食物及由金銀衣紙所代表的衣服和金錢，便不會再干擾地方社會，讓鄉民有一個平安的環境。另一方面，鄉民相信他們得到神明保護，便需要定時酬謝祂們。因此，太平清醮的另一個目的就是酬謝神明。

太平清醮的儀式活動需要一個大面積的壇場，雖然核心儀式在年底才舉行，但農曆新年開始便有「打緣首」儀式，選出作為儀式代表的「緣首」，故太平清醮可以說是一個一整年的活動。

鄉民認為幽魂野鬼會不斷累積，而太平清醮可將一個受到幽魂干擾、有麻煩的地方轉化為一個平安豐足的新環境，達至「陰安陽樂」的境界。

第一節　壇場與科儀建構

一、太平清醮壇場

喃嘸先生受聘到主家的地方施演科儀，將主家的訊息送往超自然世界。因為宗教儀式需要在一個神聖的地方進行，而主家提供的場地是一個世俗的地方，所以喃嘸先生的首要工作，就是將世俗的地方轉變成為一個神聖的儀式壇場。

很多地方，十年才舉辦一次太平清醮，每一屆打醮的場地可能都不一樣，所以喃嘸先生要與主家一起籌備壇場，通過壇場的擺設以及喃嘸先生的科儀施演，將一個世俗的地方變成一個神聖的地方來進行宗教儀式。故太平清醮的過程是從無到有，創造神聖壇場、施演科儀將社區轉化，清醮儀式完成後，再將該場地回復到世俗的狀態。

由於清醮是一個臨時的活動，且在戶外舉行，為免日曬雨淋，便需要蓋搭臨時的竹棚建構物，作為活動的壇場。很多地方在舉行太平清醮的同時，也會聘請粵劇戲班上演神功戲，所以太平清醮的科儀活動與神功戲的演出，會同時在同一個場地上進行。但也有一些地方，喃嘸科儀與神功戲共用一個竹棚，首先由喃嘸先生在竹棚施演科儀，及後再將竹棚改裝成為演出神功戲的戲棚。而在進行核心科儀期間，則安排手托木偶戲，演出流行的粵劇劇目。

一般人都不太了解超自然世界的含義，太平清醮的壇場擺設，可以說是一個實物的解說方式，[5] 將超自然世界的元素在清醮壇場展示出來，在科儀中顯示與超自然世界中「天地水陽宮」（天上、地下、水府及陽間）的溝通方法。

（一）壇場元素

清醮場地以竹棚形式搭建臨時的建構物，承辦清醮的喃嘸先生要為不同的建構物進行裝飾，放置相關的紙紮品，建構壇場，作為清醮儀式活動的地方。以下列出在一個太平清醮的壇場裏與科儀有關的基本建構物：

5 Hooper-Greenhill, Eilean, *Museums and the Interpretation of Visual Culture*. London: Routledge, 2000, pp. 103-123.

「山廈村太平清醮」醮場。（山廈，1991）

「沙田九約太平清醮」神功戲戲棚。（沙田，2015）

「蒲苔島太平清醮」醮場。（蒲苔島，2021）

太平清醮經棚，門口左右兩旁設龍虎將，經棚內兩側掛上十王殿的圖畫。（石澳，2016）

1. 經棚

「經棚」，亦稱「喃嘸棚」，是喃嘸先生設立神壇，供奉三清（玉清元始天尊、上清靈寶天尊及太清道德天尊，亦稱「三清祖師爺」）的地方，也是他們誦經和施演科儀的主要地方。經棚面積呈四方形，門口兩旁設有紙紮「青龍大將軍」及「白虎大將軍」，簡稱「龍虎將」，兩個紙紮龍虎將儼如官府衙門的守衛，它們的職責是鎮守壇場，守護棚裏面的神像，不讓污穢的東西進入壇場，讓參與儀式的人知道這是一個莊嚴的地方。[6]

6　也有些地方不搭建經棚，而以祠堂或廟宇的大殿作為喃嘸先生施演科儀的地方。

太平清醮經棚（右）及花牌。（元朗八鄉蓮花地，2022）

經棚內的左右兩旁，懸掛了「十王殿」的繪圖，圖中的主角是「十殿閻羅」，寓意經棚連接着「陰曹地府」，十殿閻王管控着參與儀式的幽魂野鬼。經棚中央的天花位置，掛着一個代表天庭及整個宇宙的正方形「大羅天」——正方形的布上繪上八卦圖案，四邊掛上代表二十八星宿[7]的黃色天罡符。可以說，整個太平清醮的儀式是在天上神明的監督下進行，而整個太平清醮的活動，不單是為了主辦的鄉村群體，還顧及整個宇宙。

7 中國古代觀測天象，以二十八個星宿作為觀測標誌，稱為「二十八宿」（亦稱「二十八舍」或「二十八星」）。二十八星平分四組，每組七宿，形成東、西、南、北四個方位，與蒼龍、白虎、朱雀、玄武（龜蛇之合稱）等動物形象相配合，稱為「四象」，道教名之為「四靈」。（卿希泰編：《中國道教》（4冊）（滬版）第 3 冊〔上海：知識出版社，1994〕，頁 29。）

設於祠堂大堂內的太平清醮經壇，神壇供奉三清畫像及木製神像，天花懸掛大羅天。（粉嶺龍躍頭，2023）

十王殿是太平清醮經棚內的基本展示元素，多以掛畫形式展現。（沙江圍，2019）

大羅天是由一張繪上八卦圖案的正方形白布，四邊掛上二十八張黃色紙符組成。代表二十八個星宿，也就是指整個宇宙。（元朗厦村，1994）

神壇上供奉的木製三清神像。（蓮花地，2022）

以立體紙紮方式展示的十王殿。（厦村，1994）

張天師神壇。(石澳,2016)

2. **張天師神壇**

張道陵為正一道的創始者,喃嘸先生稱祂為「張天師」,視祂為正一派的「祖師爺」,他們進行太平清醮時都要請張天師坐鎮。通常在醮場核心範圍附近鄉村出入口的地方設立祭桌,在整個打醮期間予以供奉,神像以掛畫形式展示。

3. **神棚**

神棚就是供奉鄉村保護神的地方,在完成「揚旛」儀式後,鄉民便會前往供奉神明的廟宇,迎請神明行身(神像)到神棚供奉。一些清醮社區範圍比較大、廟宇分佈在不同地點,鄉民更要組織不同的隊伍同時到不同的地點迎請神明行身。而沒有行身的「伯公」及土地神等,便會由寫上神明聖號的紅紙作代表,並供奉在神棚。

神明在神棚內接受鄉民供奉,欣賞清醮期間的神功戲,所以神棚的正面都會面對着神功戲的舞台,好讓神明欣賞神功戲。然而神明也有祂們的工作,就是參與和監督清醮儀式的進行。

鄉民迎請神明參與太平清醮，木製的神像、刻在木板的文字，以及一張寫上神明聖號的紅紙，都可以代表神明的到臨。（上水丙岡，2018）

4. 大士棚

大士棚是供奉紙紮大士王的地方。大士王的兩旁放置了「冥府判官」和兩個「賣雜貨」的紙紮人像，「冥府判官」負責判處人的輪迴生死，懲罰壞人，獎勵好人。這些紙紮塑像是在「小幽」儀式中「賣雜貨」（亦稱「講鬼古」）儀式時使用的工具。

鄉民亦稱大士王為「山大人」或「鬼王」，祂的職責是管理孤魂野鬼。鄉民相信旛竿豎立之後便會招來幽魂，這樣醮場範圍內便會有很多孤魂野鬼。而大士王便擔當監察規管幽魂，維持秩序的角色。

清醮舉行時，有些鄉民會鑽進去大士王的腳下，他們相信這個動作有辟邪的保護作用。因為大士王除了管理孤魂野鬼之外，祂也是管理下界（陰間）的神明，所以鑽過大士王的腳下後，大士王的威勢便可以保護他們不被超自然的東西干擾。

大士棚。（山厦，1991）

大士棚內紙紮擺設：①大士王；②賣雜貨像；③冥府判官像。
（沙江圍，1994）

大士殿。（石澳，2016）

大士王口中吐出一條白色帶子，連接着胸口上的小觀音像。（龍躍頭，2023）

大士王的傳說

傳説一：大士王是觀音的化身，因為觀音慈悲為懷，那些孤魂野鬼看到祂也不害怕，所以觀音化身成青面獠牙、「兇神惡煞」的鬼王，以便掌控孤魂野鬼。

傳説二：鬼王本來吃人，觀音菩薩慈悲為懷，知道祂要吃人，便想改變祂。於是觀音化身成為一個平民，給鬼王吃進肚子裏，然後在祂的肚子裏作法，弄祂的肝，捏祂的腸，最後收伏了祂。鬼王受到了觀音的點化，並獲觀音封為鬼王，在下界專門收伏孤魂野鬼。

傳説三：相傳山大人是躲在山裏面，專吃小朋友的。觀音要收伏祂，便化作一個小朋友，讓山大人吃了，然後在祂肚子裏施法，讓祂很難受，從而收伏了祂。最後觀音便從山大人的嘴裏走出來。

所以紙紮大士王的造型是有一條白色的條子從祂的口部吐出來，連接着祂胸前的觀音像。這代表觀音菩薩收伏了鬼王之後，化成一條白色的帶子，從鬼王的口中走出來。

寶安特色的大士王

新界正一儀式的大士王有「寶安」特色，通常最小高十四唐尺（即約四點五公尺），稱為「丈四大士」，在一些規模比較大的醮場，還會再高一些。在規模小的科儀中，大士王的高度則可以縮小，但最小也要有八唐尺。

大士王的造型要有威嚴，臉譜是「花臉」，外貌須有點兇惡，也要有獠牙，但獠牙不會展現出來。肚子大大的脹起來，形狀呈方中帶圓，這是因為鄉民相信祂會吃掉那些不聽話的孤魂野鬼。

大士王右手拿着一根筆桿，左手拿着一本本子。因為祂擔任主管下界的職責，所以拿着本子做登記，左手的本子上面寫着分衣施食的數目，多少份、多少男、多少女等。祂負責登記、監督幽魂，幽魂拿東西的時候，不能以大欺小，數目都要清楚登記。

大士王頭上戴的帽子看來就像客家涼帽，稱為「平天」，帽子後面插上兩枝「雞尾」（也稱「雉雞尾」），增加大士王的氣勢。

大士王腳部的擺放方式是一隻腳撐起，另一隻踏在地上，但也有的是雙腳都踏在地上的。

5. 財神棚

有些地方的太平清醮會設立大型的紙紮財神。太平清醮中的財神，不是一般所說的「運財童子」，而是指下界的「白無常」。傳說當一個人歸天的時候，「黑無常」和「白無常」便會一起前來，將先人帶往陰曹地府，以判決其生前所作的錯事。在這個過

下界財神「白無常」。（沙江圍，2019）

程中，白無常比較善心，若果祂看到先人的家人窮困淒涼的話，便會不經意地留下一些錢財，讓後人活得沒有那麼艱苦，因此坊間視祂為「財神」。

一般來説，如果醮場有足夠空間的話，財神和大士王都不會面向對方，也不會相鄰擺放。因為鄉民認為大士王是嚴厲的，而白無常是仁慈的，大家性格不一樣。

玉皇棚。(元崗，2018)

6. 城隍殿及玉皇殿

不同地方的清醮有不同的安排，有些選擇供奉城隍，有些選擇供奉玉皇。目的是告訴天庭，地方社會正在進行清醮，除了照顧孤魂野鬼之外，也需要邀請神明關顧陽間的人類，於是有供奉的紙紮神明。鄉民相信玉皇是眾神之首，地位最高。而城隍是守護城池之神，在廣州、寶安及東莞縣城都有城隍，城隍是地方的主人。

7. 旛竿燈籠

「旛竿燈籠」是指在旛竿及上面懸掛的一個燈籠，作為通知孤魂野鬼醮場位置的標誌。表示當地正在舉行太平清醮，向幽魂分衣施食，請祂們循正途前來享用祭品。旛竿由一棵帶葉的青竹枝做成，在青竹枝上方繫一橫竹，橫竹一端懸掛燈籠，另一端繫上繩子，以槓桿原理控制燈籠的高度，方便燃點燈籠內的蠟燭。燈籠上方置一竹帽，以阻擋雨水落入燈籠，弄熄蠟燭。現在多數的旛竿燈籠都安裝了電燈泡，省卻燃點蠟燭的工作。

鄉民常説：「旛竿燈籠，照遠不照近。」這是因為燈籠高掛起來後，在燈籠下方看不到燈籠上的超幽文字，但站在遠方則可以看見，所以旛竿燈籠是要吸引遠方的幽魂。然而，無論是醮場鄰近的，還是清醮範圍以外的幽魂，都歡迎前來享用太平清醮的祭品及參與喃嘸先生的科儀。

不同地方太平清醮的旛竿數目不一樣，一般為三至五枝，做法因應各地傳統而定。[8] 如果是五枝旛竿的話，可以理解為置於東西南北中五個方位。「揚旛」主要是鄉民的工作，他們會按照自己鄉村的傳統，安插在鄉村的不同位置，然後在旛竿的底部放置一個紙紮的「旛亭」，旛亭由喃嘸先生提供，旛亭裏面寫上守旛神明的聖號。

旛竿燈籠除了是引領孤魂之外，另一個意義是界定清醮的範圍。清醮儀式開始之後，喃嘸先生及緣首每天早午晚三次到旛竿朝拜，稱為「三朝」。換句話來說，旛竿定了點，點與點相連，劃定了施演科儀的範圍，鄉民進入範圍內參加活動的話，都要齋戒沐浴，以保持壇場的神聖。一些地方的太平清醮，旛竿是豎立在醮場竹棚建構物的外圍，這樣便形成了一個很清晰的壇場界線。但也有一些地方，旛竿豎立位置遠離醮場建構物。這樣，可以說是形成了兩個層次的壇場地帶，臨時竹棚建構物構成核心壇場，而旛竿界線與竹棚建構物之間則形成另一個壇場地帶。

每個地方舉行太平清醮，都需要因應現場環境而有不同的建構物安排方式。通常醮場最大的建構物是神功戲戲棚，而有關正

8 亦有說法是進行一晚儀式的會用一枝旛竿，進行三晚儀式的則會用三枝旛竿〔蔡志祥、韋錦新、呂永昇：《儀式與科儀：香港新界的正一清醮》（香港：香港科技大學華南研究中心，2011），頁 43〕。

旛竿、燈籠與旛亭。（沙江圍，1994）

一科儀的建構物則分佈在戲棚的四周，通常前往觀看神功戲的鄉民都會先到各建構物上香，這也是大家理解的醮場範圍。

（二）塑造壇場、陰陽匯聚

主家選定地點作為儀式壇場，蓋建臨時的竹棚作為儀式活動的地方，旛竿的位置劃定了壇場的範圍。建立一個儀式場景還需要實物擺設的配合，喃嘸先生透過紮作實物與施演潔淨儀式，將該地點建構成為可以施演科儀的神聖壇場。喃嘸先生紮作的儀式紙紮品便成為建構壇場、塑造儀式場景意義的基本元素，更是一些儀式活動的焦點。這些紙紮品在打醮期間與參與的鄉民形成互動，成為鄉民與超自然世界的溝通工具。

①旛竿、②燈籠、③旛亭。(丙岡，2018)

喃嘸先生建立壇場，將一個世俗的地方變成為神聖的壇場。由於這是一個在人類環境中的超自然的場所，清醮的參與者便包括了鄉民、來自天庭的神明及來自陰間的孤魂野鬼。在鄉民的眼中，醮場裏便包含了陰和陽的元素。與人類及神明有關的，例如神棚、經棚及神功戲棚便是屬於陽（清）的。神棚與神功戲棚搭建在同一直線上，讓神棚內的神明可以和鄉民一起欣賞神功戲。而到來欣賞神功戲的鄉民也可以到神棚上香供奉。

與孤魂野鬼有關的，例如旛竿燈籠、供奉大士王的大士棚，便是屬於陰（濁）的，大士棚多設在醮場的邊緣位置，有些地方更會將大士棚置於遠離神功戲棚的位置，也就是把陰和陽的元素分隔開來。

為了舉行太平清醮，將一個世俗的地方變成為神聖的壇場，而在清醮完結後，需要把場地回復原狀，所以壇場內的儀式物品都要處理好，不可遺留下來。清和濁的元素，更要小心分開處理，因為陰的物品是危險的。在儀式完結後，便要清除所有為壇場及儀式製造的物品，與幽魂有關的物料都會在大幽儀式之後焚化，而所有與神明及人類有關的物料，則於酬神儀式之後焚化。所有的紙紮用品，都是以紙張及竹篾紮作而成，完全可以經火焚化。將紙紮儀式用品焚化之後，太平清醮設立的壇場也便隨之消失。

二、太平清醮科儀

儀式地點之劃定與壇場設計，都只是一個地點的選擇。壇場的建立，還要依靠喃嘸先生施演儀式將一個地方潔淨，轉變成為一個神聖的壇場。將一個地點界定為進行儀式的地方，喃嘸先生是按王朝官僚關係的想像施演科儀，透過儀式與壇場結構，建立一個將人類社會與天庭（宇宙）及陰間連接的壇場。在正一儀式裏，喃嘸先生發放訊息的目的地是「天地水陽宮」，也就是指天庭、地府、海洋及人類世界。

舉行太平清醮的規模和日子的長短是主家的決定，因為那牽涉到財政上的安排。每個地方都會有自己的傳統和習俗，太平清醮在年底的儀式部分，可以是三日四夜、四日五夜或五日六夜。因應日子的長短，儀式內容便會有所增減。對鄉民來說，頁 67 及 68 所顯示的是「四日五夜」的太平清醮，因為他們認為，「宿啟」是清醮儀式的開始，大幽儀式焚燒大士王後，整個太平清醮儀式便完結。

比較流行的太平清醮儀式內容：

<table>
<tr><th colspan="7">科儀及相關活動</th></tr>
<tr><td rowspan="4"></td><td rowspan="5">預備儀式</td><td>1</td><td>獨立儀式</td><td>打緣首</td><td rowspan="6"></td><td rowspan="8"></td></tr>
<tr><td>2</td><td>獨立儀式</td><td>上頭表</td></tr>
<tr><td>3</td><td>獨立儀式</td><td>上二表</td></tr>
<tr><td>4</td><td>獨立儀式</td><td>興工</td></tr>
<tr><td rowspan="19">連續六天的核心儀式</td><td>5</td><td rowspan="5">整天儀式</td><td>上三表 +</td></tr>
<tr><td rowspan="4">正醮前儀式（一天）</td><td rowspan="4">6</td><td>取水</td></tr>
<tr><td>揚旛 *</td><td rowspan="17">鄉民齋戒沐浴</td></tr>
<tr><td>接神</td></tr>
<tr><td>宿啟</td><td rowspan="15">神功戲</td></tr>
<tr><td rowspan="14">正醮儀式（四天）</td><td rowspan="4">7</td><td rowspan="4">整天儀式</td><td>開啟迎真</td></tr>
<tr><td>三朝三懺 *</td></tr>
<tr><td>分燈翦燭</td></tr>
<tr><td>禁壇 *</td></tr>
<tr><td rowspan="3">8</td><td rowspan="3">整天儀式</td><td>三朝三懺</td></tr>
<tr><td>啟榜</td></tr>
<tr><td>迎聖</td></tr>
<tr><td rowspan="3">9</td><td rowspan="3">整天儀式</td><td>三朝三懺</td></tr>
<tr><td>禮斗</td></tr>
<tr><td>小幽</td></tr>
<tr><td rowspan="4">10</td><td rowspan="4">整天儀式</td><td>三朝三懺</td></tr>
<tr><td>頒赦 *</td></tr>
<tr><td>放生</td></tr>
<tr><td>大幽 #</td></tr>
<tr><td rowspan="2"></td><td rowspan="2">正醮後儀式（一天）</td><td rowspan="2">11</td><td rowspan="2">整天儀式</td><td>酬神</td><td rowspan="2">開齋</td><td rowspan="2"></td></tr>
<tr><td>行符 *</td></tr>
</table>

+ 上三表是預備儀式，但大都會在核心儀式第一天的早上進行，變成了是醮場上舉行的第一個儀式。

* 界定壇場或社區範圍的儀式活動。

大幽儀式最後是將大士王焚化，與大士王一起焚化的還包括所有與幽魂有關的紙紮元素。這時，有一個說法是「至此，整個太平清醮的（核心）儀式便告完成」。

太平清醮流程

時間	階段	儀式
農曆正月	預備儀式	打緣首
春夏之間	預備儀式	上頭表、上二表
約正醮前一月	預備儀式	興工
第一天	預備儀式	上三表
第一天	正醮前儀式	取水、揚旛、接神、宿啟
第二天	正醮儀式	開啟迎真、三朝三懺、分燈晉燭、禁壇
第三天	正醮儀式	三朝三懺、啟榜、迎聖
第四天	正醮儀式	三朝三懺、禮斗、小幽
第五天	正醮儀式	三朝三懺、頒赦、放生、大幽
第六天	正醮後儀式	酬神、行符

核心儀式，冬季農閒之時（六天）

（一）選緣首

太平清醮是一個一整年的社區性活動，由農曆年初的選緣首揭開序幕。如何讓幾千人公平公正地參與太平清醮的活動呢？主辦方用「擿杯」（擲筊杯）的方式選出緣首，不同地方有不同的勝杯數量要求，但不論貧或富，大家都得跪在菩薩前面連續獲得某個數量的勝杯才可以擔任緣首。這是地方社會認為讓鄉民參加儀式最公正的方式。

選了緣首後便要請「風水先生」擬訂「吉課」（亦稱「日課」），即是活動的時間表。在農村社會，以前太平清醮的核心儀式多在年底進行，因為秋收之後農閒，人手比較充裕。緣首代表整個鄉去參加活動，不能缺席，因此打醮的時間要配合緣首的生辰八字，不能與他們的時辰八字相沖。在打醮的核心儀式期間，每天都有密集的活動，有時更是從早上八時開始，一直到晚上十二時，緣首要跪着跟喃嘸先生做儀式，對緣首來説，體力負擔很重，所以緣首家中的男丁都會來輪替幫忙。

（二）上頭表、二表和三表

年初選了緣首後，便要安排「上表」儀式（亦稱「通表」）。「上表」是通過喃嘸先生把表文傳遞到天庭的儀式，較常見的有

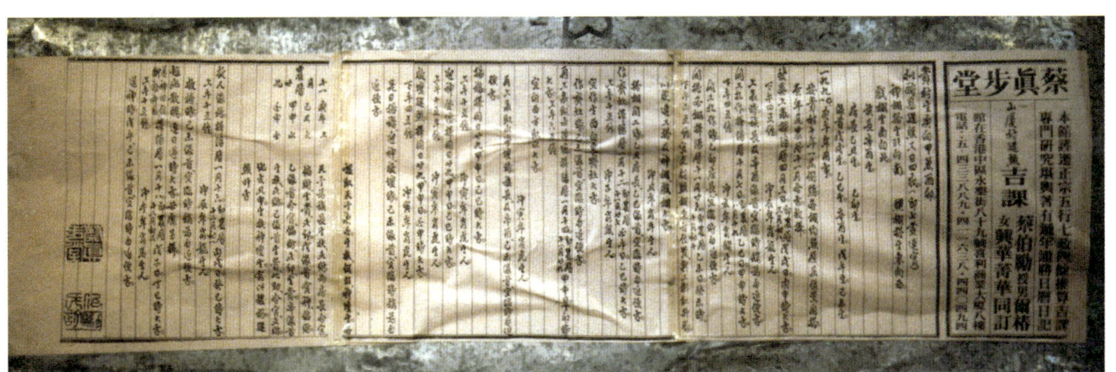

「山廈村太平清醮」吉課。（山廈，1991）

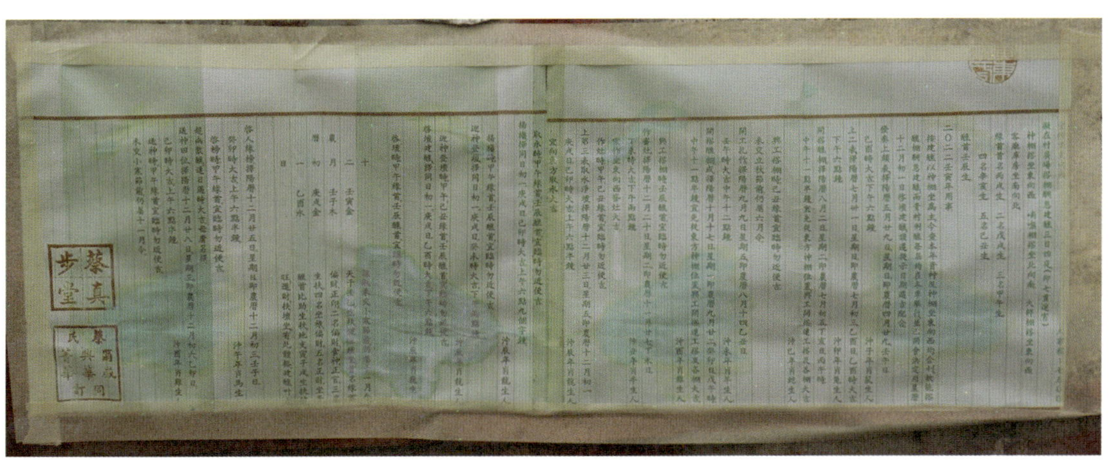

「蓮花地太平清醮」吉課。（蓮花地，2022）

三場上表儀式，稱為「上三表」，但也有地方只上表一次，每次上表的儀式內容基本上都一樣，表文內容主要是報告打醮的安排，某地方多少年一屆，祈求地方太平等。村中所有參與的男女老少的名字都清楚地寫上表文，喃嘸先生會在表上簽名，然後請「功曹馬」帶上天庭。

一般來説，年初會進行上頭表，上二表在年中。由於上頭表和二表時，醮場尚未設置，儀式多在地方廟宇或宗族祠堂前的空地舉行。而上三表就是清醮開始之前，即核心儀式之前的預備儀式。完成上三表儀式後，太平清醮的核心儀式活動便馬上開始。

喃嘸先生在上表儀式中誦讀表文，鄉民在旁聆聽。（厦村，1994）

上表儀式進行時，日落西山，且天降甘露，喃嘸先生在燭光下誦讀表文，鄉民圍在一起聆聽。（元崗，2018）

表文誦讀完畢後，喃嘸先生以雄雞冠蘸雞血酒潔淨表文。（山廈，1991）

表文與功曹馬一起燃燒，送往天庭；喃嘸先生在旁以法劍畫符號令敕馬。（西貢北港，2020）

四隻功曹馬。（厦村，1994）

功曹馬

上表儀式需要將表文送往超自然世界，但喃嘸先生只是中介，所以需要「功曹馬」擔當這個角色。「功曹馬」是紙紥「功曹」使者與祂所騎坐的一匹紙紥馬的組合。功曹菩薩的工作是前往不同的地方發通告，公佈當地所進行的科儀功德。科儀功德活動裏所有的文書、牒文、表文等訊息，都需要功曹馬傳送。

上表的科儀需要四隻功曹馬，這是因為有四位值班的功曹——值年、值月、值日及值時。但也有鄉民認為需要四匹功曹馬，是因為要將資訊送往「天地水陽」四個地方。

一般的功曹馬是白色的，但也有些主家覺得白事用白馬、紅事用紅馬。也有主家要求用黃色紙馬，只是不想用白色。喃嘸先生認為紙馬的顏色不會因為喜事還是喪事而改變。因為它的角色就是送文書到天庭，與顏色無關。

四隻紅色功曹馬。（山廈，2011）

（三）取水

「取水」是正醮預備儀式的第一個儀式，喃嘸先生領着緣首到河流溪澗，或鄉村的水井等水源潔淨的地方。首先由喃嘸先生進行儀式，喃誦經文，邀請神明參與儀式，然後由緣首將水盛到攜來的水缸裏面，再由喃嘸先生以符紙封口，運回壇場中的經棚，即喃嘸先生進行儀式的地方。這些水的作用是用來潔淨場地，灑淨壇場。完成最後一天的酬神儀式後，喃嘸先生將水缸的封條打開，然後將水分派給鄉民。

取水儀式

取水儀式。（井欄樹，2011）

緣首將井水放進瓦缸裏。（山廈，1991）

緣首取水完畢後，婦女亦從水井挑水回家。（山廈，1991）

| 揚旛 |

鄉民設立旛竿，喃嘸先生誦經開光。

揚旛。（厦村，1994）

揚旛。（九龍衙前圍，1996）

（四）揚旛

「揚旛」是指在鄉村的範圍豎立旛竿，通知幽魂太平清醮壇場的位置，揚旛的工作主要由鄉民負責，由他們決定擺設旛竿的位置，喃嘸先生則負責提供旛亭及進行開光儀式。

| 接神 |

鄉民迎請神明行身像至醮場神棚

鄉民以神輿自沙江天后廟迎請天后神像前往醮場。
（沙江圍，1994）

（五）接神

揚旛之後，壇場有了清楚的的界線，鄉民便去接神，將打醮社區範圍內神明的神像行身接來神棚供奉。這個接神的活動，由地方清醮負責人及緣首執行。由於打醮是一個地域的事情，地域內的神明都要請到壇場接受供奉及欣賞神功戲。在一些範圍大、鄉村數目比較多的社區，個別鄉村則要負責將自己村內的神像行身送到神棚。

鄉民以神輿自石澳天后廟迎請天后神像至醮場。（石澳，1996）

沙江圍安排緣首的太太迎請天后的神像。（沙江圍，2019）。（石澳及廈村的太平清醮都是由女士迎請天后神像）

緣首自龍躍頭天后宮迎請天后神像。（龍躍頭，2023）

喃嘸先生將意者（包括意文及意者亭）交予頭名緣首。(沙江圍，2019)

（六）宿啟

這個儀式亦稱「開壇」或「開啟發奏」，每一場法事都需要有開壇的步驟，開壇以後，儀式便隨之開始。「宿」是預先、隔夜的意思，「宿啟」表示開壇之後，翌日才正式開始清醮的科儀。喃嘸先生也稱該儀式為「發文書」，就是以書寫形式的文書表牒，簡稱「表文」，邀請菩薩及神明到臨參加法事。

開壇儀式在經棚前，面向天階的神枱進行。開始時，喃嘸先生及緣首先進行「淨手」儀式，大家肅整衣冠、潔淨雙手。然後高功將符水、[9] 淨水符、[10] 法劍 [11] 及五雷號令牌 [12] 給予各司職師傅，將意者（包括意文及意者亭）[13] 給予頭名緣首。

然後喃嘸先生朗讀表文內容，裏面包含所有參加者姓名。朗讀完畢後，便用雄雞冠蘸雞血酒潔淨表文，然後把表文卷軸放到

9　見頁 116 照片。
10　見頁 116 照片。
11　見頁 87 照片。
12　見頁 123 照片。
13　見本頁照片。

功曹背上，與四隻功曹馬一起焚化，送往「天地水陽宮」，就是天上、地下、水府及陽間等四個主要溝通的範疇，也就是儀式的主要對象。

（七）開啟迎真

正醮第一個儀式，喃嘸先生領着緣首在神棚前迎請各大神明降臨壇場，監督儀式的進行。

（八）三朝三懺

喃嘸先生及緣首每天早、午、晚重複三次到旛竿及醮場內供奉神明的地方朝拜，稱為「朝旛」，在朝拜的過程中，緣首都穿着長衫，頭名緣首拿着「意者」，其他緣首拿着「八寶旛」。八寶旛是用來引領幽魂的，但由「八仙」的法器組成，代表八仙跟着隊伍一起朝旛。這樣，不聽話的幽魂便會安份一些。一般最少四枝「八寶旛」，不過具體數量還是取決於各村的傳統和要求。

朝旛的路線，首先是朝拜坐鎮的張天師，之後朝拜旛竿，然後到核心壇場區域，向神壇及供奉玉皇（或城隍）、大士等菩薩的地方，進行朝拜。行程為一個圈，圍繞了整個醮場。

行朝完畢，便返回經壇進行「拜懺」儀式。喃嘸先生領着緣首，跪在經棚裏面進行儀式，目的是感謝神靈守護這個地方；「懺」就是「懺悔」的意思，稟告神明，檢討鄉民的過錯，希望上天知道鄉民的懺悔，減低他們的罪孽。

朝旛

一日三次的行朝儀式

鄉民拿着八寶旛，一路打鑼，參與行朝儀式。（蠔涌，2020）

行朝儀式。（山廈，1991）

行朝儀式。（沙江圍，2019）

行朝儀式。（厦村，1994）

拜懺儀式。（丙岡，2018）

八寶旛。（蓮花地，2022）

（九）分燈晉燭

喃嘸先生在經棚施演科儀，儀式在三清祖師神枱前進行，喃嘸先生首先燃點一對蠟燭（兩枝），然後由這對蠟燭燃點另外兩對蠟燭（四枝），再由這兩對蠟燭燃點另外四對蠟燭（八枝）。蠟燭循着「易有太極，是生兩儀，兩儀生四象，四象生八卦」的方式增加。儀式完結時，緣首將蠟燭移送到神棚的香案上。

蠟燭的火光代表燈火，「燈」與「丁」發音接近，有丁口繁衍、生生不息的意思。

（十）打武禁壇

禁壇的科儀，是請天兵神將下來清理污穢物、潔淨壇場。儀式由兩位喃嘸先生在經棚內進行，高功手執法劍，另一位沒有穿着道袍的喃嘸先生則手執公雞，以雞冠蘸雞血酒，共同施演潔淨科儀，以法劍及雞血酒潔淨大羅天及經棚四周。

跟着進行「打武」儀式，在經棚前的空地進行，是以打功夫的方式潔淨壇場，傳統是耍纓槍、舞火蓆及舞火繩（亦稱舞火流星）等，最後由戴上紅頭巾、穿上紅色戰裙的喃嘸先生拿着一個燃燒的火盆，到核心壇場供奉神明的地點巡遊，目的是收集不潔淨的東西，最後，喃嘸先生回到經棚的祖師神枱前，將火盆倒轉，放在神枱之下，由三清神壇鎮壓。

最後由高功施演科儀，手持法劍，步罡踏斗，將五枝旛旗置於經棚內東南西北四角及中央位置，界定潔淨壇場的範圍。

分燈晉燭

（龍躍頭，2023）

喃嘸先生燃點蠟燭。

緣首接力將蠟燭送往神棚。

神棚香案上的蠟燭。

舞火繩。（龍躍頭，2023）

喃嘸先生戴上紅頭巾、穿上紅戰裙，手上拿着一個燃燒的火盆，環繞醮場一周，到各供奉點收集不潔物。（蠔涌，2020）

喃嘸先生將大羅天從天花放下，一位喃嘸先生用雄雞冠虅雞血酒潔淨大羅天，高功以法劍畫符指令。（丙岡，2018）

高功燃點法劍上的金銀衣紙，然後在經壇內四周舞動，潔淨壇場，繼而將五枝旛旗插於經壇四角及神壇前的中軸位置。（龍躍頭，2023）

三清神壇下之三件物件：①倒轉的火盆（貼上紅色符咒封條）；②代表中央方位的旛旗；③法劍。（龍躍頭，2023）

（十一）啟榜

啟榜的儀式是張貼榜文，鄉民認為這是很重要的儀式，安排在清醮的「正日」進行，儀式的內容通常是準備三張榜文：人緣榜、款榜及幽榜。有些地方只張貼人緣榜及幽榜。人緣榜亦稱「金榜題名」，其上寫着所有參加清醮者姓名的榜文，款榜是報告清醮的儀式活動。幽榜則是給幽魂的通告，通常是貼在大士棚的旁邊。

啟榜儀式前，喃嘸先生及緣首先進行「淨手」儀式，大家肅整衣冠、潔淨雙手。然後喃嘸先生在人緣榜上簽名，表示清醮是他們的工作；緣首則在幽榜上簽名，表示施化幽魂的儀式與祭品是由鄉民提供的。跟着高功用硃砂在榜上圈點，猶如皇帝硃批奏摺，然後榜文便可以張貼了。

接着這些卷軸形狀的榜文由緣首送到張貼的地點，由鄉民張貼。但有些地方會選出兩名「攬榜公」，負責抬榜文的工作。

榜文張貼完畢後，喃嘸先生手執公雞，以雞冠蘸雞血酒，掃在榜文上，將榜文潔淨開光。跟着喃嘸先生便會朗讀人緣榜上的人名。

高功在款榜上畫押。(山廈，1991)

高功在人緣榜上簽名。（蓮花地，2022）

頭名緣首在幽榜上簽名。（蓮花地，2022）

緣首接過榜文，將之送到張貼的地方。（衙前圍，1996）

在舞麒麟帶領之下，緣首將榜文送到張貼的地方。（蠔涌，2020）

榜文張貼後，喃嘸先生用雄雞冠蘸雞血洒潔淨榜文。（蠔涌，2020）

喃嘸儀式完結後，鄉民舞麒麟潔淨榜文。（蠔涌，2020）

（十二）迎聖

迎聖儀式是迎請神明到清醮壇場供奉，由於清醮是正一派傳統，所以迎請的其中三位神明是「三清祖師」，祂們是喃嘸先生的祖師爺，另一位神明則是地方城池的主神城隍爺。若地方清醮是供奉玉皇的話，迎請的便是玉皇。第五位是功曹。除了這五位基本的神明之外，還有地方社會供奉的主要神明，至於有哪些神明及神明數目，則按各地傳統而定。

迎聖科儀在經棚前的空地進行。在儀式舉行前，喃嘸先生要先設置供奉神明的臨時神枱，神枱數目按地方傳統而定。若要迎請六位神明的話，便要設置六張神枱。每座神枱由一張桌子、一張椅子及一把黑色雨傘組成。椅子放在桌面上，用來放置神像行身。張開的黑色雨傘則繫在椅背上，遮擋、保護着椅子上的神像。在儀式進行的過程中，緣首要負責上香及照顧神枱上的祭品。

在面對經壇的中軸線上，喃嘸先生設置了一道由長白布構成的「橋」，白布橋的經棚方向末端連接着一個紙紮的牌坊。

儀式開始後，喃嘸先生向各神枱的神明參拜，參拜完畢後，緣首便奉着神像在白布橋上經過，喃嘸先生則跪在白布橋旁，手搖旛旗，為神像送行。緣首奉着神像穿過紙牌坊，將神像迎進神壇，繼而將神像放回原來供奉的地方，儀式也便完結。

（十三）禮斗

禮斗科儀是禮拜南北二斗，迎請北斗斗姆、北斗七宿，希望消災解難，祈求人口平安、鄉民添福添壽。

迎聖儀式

（蓮花地，2022）

高功向各神枱的神明參拜。

緣首迎請神明，手抱神明木牌在白布橋上經過，將木牌送返神棚原位。
喃嘸先生在白布橋旁搖動旛旗迎接。

以西貢北港聯鄉太平清醮為例，儀式開始前要先在經棚的中軸線上置一香案，香案上用白米拼砌出吉祥圖案，並在圖案上放上七盞點燃的油燈，另外在天階方向的神枱上置一紅色木桶，桶內插上三枝點燃的大香。喃嘸先生圍繞香案而坐，誦經迎請各神明到臨。

儀式完結後，將香案上的白米及油燈分發予各緣首，插上三枝燃點大香的木桶則移往神棚香案上。

廈村禮斗儀式的白米吉祥圖案，有四十九盞油燈。
（廈村，1994）

高功以火筆潔淨吉祥圖案。（北港，2020）

禮斗儀式中以白米拼砌出吉祥圖案。（北港，2020）

（十四）祭小幽

祭小幽是翌日祭大幽儀式的前奏，在空地上進行，焦點是紙紮的判官及兩個賣雜貨的人像（伙計）。[14] 喃嘸先生在判官及賣雜貨人像前二、三米的地方設置祭桌，在祭桌與大士王之間堆出左右兩行長沙堆，連接大士王與祭桌。喃嘸先生圍繞祭桌而坐，面對大士王誦經。鄉民則將香燭插在兩行沙堆之上，並把金銀衣紙散在沙堆兩旁。

誦經完畢後，便是「講鬼古」，由兩位喃嘸先生對答進行，意思是給幽魂說故事，當然，鄉民也可以聆聽。首先是請判官來對話，詢問醮場裏有多少孤魂。然後是請賣雜貨的來對話，詢問他們的來歷及所賣的東西，也是俗稱的「賣雜貨」儀式。對答以有趣及詼諧的內容為主，目的是告訴幽魂那裏正在做儀式，由鄉民提供祭幽物品，祂們可以放心添置，同時放下執念、盡早解脫。

（十五）頒赦

施演頒赦科儀，焦點是一隻五色紙馬，馬身上貼上七彩繽紛的彩紙，馬背上有紙紮功曹像，所以這也是「功曹馬」。儀式開始前，喃嘸先生把準備好的「赦書」卷軸繫在功曹背上；赦書裏面寫上了所有參與清醮的人名。

喃嘸先生「敕馬」[15] 之後，便由一位年輕的男性鄉民拿着功曹馬，繞着他們的社區跑一個圈，而另外一位鄉民則拿着一枝棍

14　見頁 57 照片。

15　見頁 124-126 有關「敕馬」的描述。

祭小幽。（沙江圍，2019）

講鬼古。（沙江圍，2019）

頒赦

鄉民拿着背負赦書的五色功曹馬，繞着社區跑一個圈，然後把功曹馬交給喃嘸先生。

頒赦。（山厦，1991）

子，象徵性的追打拿着功曹馬的鄉民，阻止功曹馬前往天庭報告哪些人參與了太平清醮。但因追打者的出現，功曹馬便跑得更快。鄉民亦稱這一活動為「走赦書」、「走社書」或「走文書」。

功曹馬回到經棚後，卷軸便成為由天庭頒下來，赦免鄉民罪孽的文件。喃嘸先生從功曹背上把赦書拆下來，並由一位喃嘸先生大聲誦讀，他坐在經棚前天階一張桌子上面的椅子。他的工作就是把這卷赦書的內容唸一遍，這包括所有鄉民的姓名。這時，當圍觀的鄉民聽到自己的姓名時，都會高聲回應「有」或「到」。

喃嘸先生朗讀完畢後，便用雄雞冠蘸雞血酒潔淨赦書，然後把赦書放回功曹背上一起焚化，傳遞回去天庭。

頒赦科儀在太平清醮後段時間舉行，意思是那時鄉民己經連續數天參與法事，做了功德，因而天庭派遣功曹送「赦書」到壇場，赦免鄉民所曾做過的錯事或曾犯的罪孽。

喃嘸先生朗讀赦書內容，也就是把所有鄉民的姓名唸出來。（蓮花地，2022）

頒赦。（蓮花地，2022）

五色紙馬

頒赦科儀所採用的依然是功曹馬，但有一個説法指馬是關雲長的坐騎「赤兔馬」。本來赤兔馬是黑色的，由於坊間不喜歡黑色，便變成是彩色的紙馬。

放生科儀。(西貢高流灣，2001)

(十六) 放生

放生的儀式一般在水邊進行，這是因為被放生的動物主要是魚及雀鳥。放生的地點及放生的牲禽種類由鄉民決定。喃嘸先生在放生的地點設立臨時香案進行科儀，喃嘸先生唸誦經文，並會朗讀緣首的名字。之後便由緣首將魚及雀鳥放生，放歸自然。通常放生動物的數目不多。

在鄉民眼中，放生是一種功德，即修善積德的行為。因為上天派使者帶赦書下來頒赦，赦免村中所有人的罪孽，鄉民也感謝上天的庇佑，報答上天，進行放生儀式。

（十七）祭大幽

祭大幽是清醮科儀中最後的祭鬼儀式。在整個打醮的過程中，大士王供奉在大士棚裏面，但祭大幽科儀大都在核心壇場之外的空曠地方舉行。這樣，鄉民便要搬動大士王。

這個搬動大士王的過程，也便成為一項「大士巡村」的活動，但這並非屬於喃嘸科儀的一部分，而是地方的傳統習俗，喃嘸先生並不參與其中。當天傍晚，年輕的男性鄉民便會幫忙移動大士王，也就是由他們抬着大士王巡遊社區範圍。鄉民相信一些比較陰暗的地方，或曾經發生車禍和意外的地方都會有幽魂聚集，危害人類。而大士王的出現能夠鎮懾幽魂，把祂們趕走，為鄉村帶來太平。鄉民的用語是「照一照」，去看一下的意思。

在大士巡村的過程中，鄉民都強調不可以叫別人的名字。因為他們認為大士王巡遊時，所有「骯髒的東西」[16] 都會被驚動。若祂們知道了鄉民的名字，便會給他們製造麻煩。

大士巡遊完畢之後，鄉民便把大士王搬到祭大幽的地方，由喃嘸先生接力施演科儀。大士王放在一個面向鄉村聚落的位置，面對着祂所規管的、接受鄉民施化的幽魂。喃嘸先生在大士王前十多米的地方設置祭桌，在祭桌與大士王之間，築成左右兩行長沙堆，連接大士王與祭桌。喃嘸先生圍繞祭桌而坐，面對大士王誦經。

16　泛指幽魂，而鄉民相信「骯髒的東西」是會累積的。

| 大士王巡村 |

（山廈，1991）

（元崗，2018）

祭大幽的目的是施幽，即分衣施食的意思。鄉民把香燭插在兩行沙堆之上，並把金銀衣紙撒在沙堆兩旁。幽衣則分開男女，男左女右，中間放置芽菜、豆腐、齋飯、齋菜、齋果、包點等祭品。鄉民並不時把米酒灑在沙堆兩旁。

同時，鄉民開始着手拆下壇場中與幽魂相關的儀式裝置，準備與大士王一起焚化，這些包括旛竿、旛竿燈籠、財神、幽榜、判官及賣雜貨的伙計等。即是所有與鬼相關的，都與大士王一起火化掉。

（沙江圍，2019）

（龍躍頭，2023）

喃嘸先生喃誦經文完畢之後，便開始焚化大士王及所有的金銀衣紙，鄉民首先會轉動大士王的面向，將祂轉至面向村外，這時鄉民一邊燃點大士王，一邊敲打銅鑼，一些鄉民更同時向火堆中撒水飯、灑米酒。鄉民相信這時幽魂會來享用他們的施化。他們認為焚燒時所產生的旋轉氣流會帶動金銀衣紙飄動，是幽魂參與施化的表現。

大士王及金銀衣紙焚燒完畢後，也象徵太平清醮儀式圓滿結束，鄉民也可以結束齋戒了。

喃嘸先生圍坐一桌，朝着大士王誦經。（山厦，2011）

緣首朝着大士王，坐在大士王與喃嘸先生之間。（厦村，1994）

在祭大幽儀式中段，高功戴上五老冠。（沙田，1995）

（沙田，1995）

（蒲苔島，2021）

（元崗，2018）

（蓮花地，2022）

化大士

焚化大士王時，鄉民以竹竿固定大士王的位置，以免其燃燒下墜時改變方向。（厦村，1994）

化大士。（沙田，1995）

酬神（沙江圍，2019）

喃嘸先生於經棚分發紙符及油燈。

（十八）酬神

經過數天的科儀活動，來到最後一天，早上的儀式是酬神，由喃嘸先生誦經感謝神明的到臨。這天也是開齋的日子，有些地方會為鄉民分發酬神豬肉及油燈，因為燈與丁聲音接近，有添丁的意思。鄉民都會準備「斗桶」到經棚迎取點燃的油燈回家，亦有些地方會將「淨壇」的水分發給鄉民。這些事情處理好後，便可以將壇場中餘下的儀式裝置焚化，包括兩個龍虎將、人緣榜、款榜、八寶旛、城隍（或玉皇）及意者，大羅天上二十八星宿符紙則分發予各緣首。酬神與祭大幽、化大士儀式分開進行，可以看成是分開陰陽、清濁的處理。到這裏，與民眾集體相關的科儀便告完結。

鄉民帶備斗桶或紅色塑膠桶到經棚迎接點燃的油燈回家。

斗桶及油燈。

將人緣榜及龍虎將等紙紮物品焚化。（蠔涌，2020）

（十九）行符

太平清醮的集體儀式完結後，整個社區便得到儀式性的更新。「行符」是給個別社區成員家庭的更新儀式。在鄉民打鑼引領之下，喃嘸先生帶備一艘紙紮小紅船，到每家每戶收集象徵性的不潔之物，鄉民通常以一些衣紙代表。然後喃嘸先生為屋內的神壇灑上符水潔淨，再送上平安符。在途中，喃嘸先生亦會在街頭巷尾貼上「巷口符」。

「行符」亦稱為「拉鴨扒船」，本來是在喃嘸先生帶備一隻活鴨到達每戶進行儀式時，戶主便會準備一些水和米給鴨子吃，象徵吃去不潔之物，並將之帶走。但近年香港政府禁止飼養活鴨，在沒有活鴨的情況下，有些地方改以紙紮鴨代替，有些地方則取消了儀式中的活鴨元素。

完成收集所有人家的不潔物之後，喃嘸先生便在聚落的外圍，在三岔路口將紅船及不潔物焚化。[17] 至此，太平清醮儀式圓滿結束。整個社區，每家每戶都有一個新的開始。

17 據說以前會把這隻鴨子放到紅船上，然後送出大海。

行符

喃嘸先生「行符」，鄉民協助攜帶紅船及鴨子。（山厦，1991）

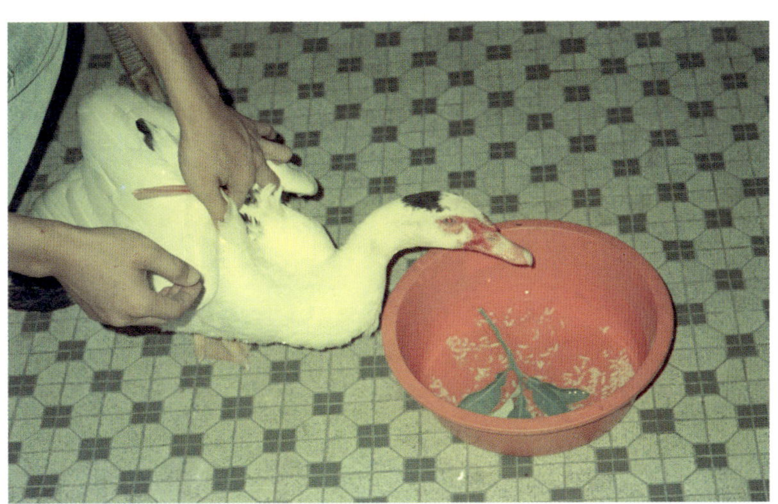

讓鴨子象徵性的吃去不潔之物。（厦村，1994）

1997 年禽流感後，香港政府禁止飼養鴨子，行符時以紙紮鴨子替代。（沙江圍，2019）

行符完畢，嘸喃先生在鄉村外圍將紙船及不潔物焚燒，並把鴨子放生。（山厦，1991）

鄉民打鑼、舞麒麟送神，將神像行身送返廟宇。（蠔涌，2020）

（二十）送神

將神像行身送返各廟宇或神壇。有些地方會在太平清醮後安排神功戲演出，然後繼續供奉神像，直至神功戲完結後才將神像行身送返各廟宇。

第二節　儀式權威

主家聘請喃嘸先生主持儀式，喃嘸先生按照他們的師承傳統為地方社會提供科儀服務，利用他們的儀式權威清除污染、施演科儀，設立神聖的壇場，作為一個與超自然世界溝通的地方，將主家及地方社會更新轉化，進入一個新的階段。

一、潔淨壇場

宗教儀式要在「潔淨」和「神聖」的地方進行。要防止不潔之物影響儀式的進行，破壞神聖。喃嘸先生的首要工作便是要潔淨地方，建立壇場。基本上，我們可以從空間和時間兩條軸線理解壇場的形成。這就是說，例如十年一次的太平清醮，在十年裏面，那地點只在施演科儀的數天才是壇場。壇場地點選定之後，要進行相關的儀式，在某一特定的時段內，才是「神聖」的壇場。

主辦單位選定了一個地方作為太平清醮的壇場，在年底舉行核心儀式之前要搭建竹棚，作為儀式活動及神功戲的演出場所。在清醮儀式開始前約一個月，喃嘸先生首先在該處進行「興工」儀式，然後才開始搭建工程。興工儀式的對象是壇場地點的土地神，意思是通知祂該地點要用來作為太平清醮的場地。

二、潔淨儀式步驟

坊間社會認為，人類的日常生活所產生的不潔之物，會破壞神聖的儀式。例如人類的出生與死亡都會帶來儀式上的污染，與嬰兒出生有關的污染稱為「蘇」，[18] 而與死亡有關的污染稱為「穢」，[19] 兩者均會影響儀式的效果，所以在喃嘸先生的儀式裏，

18 Ahern, Emily M., "The Power and Pollution of Chinese Women." In Arthur P. Wolf (ed.), *Studies in Chinese Society*. Stanford: Stanford University Press, 1978, pp. 269-290.

19 華琛：〈骨與肉：廣東社會對死亡污染的處理〉，華琛、華若壁著，張婉麗、盛思維翻譯：《鄉土香港：新界的政治、性別及禮儀》（香港：中文大學出版社，2011）。

潔淨是所有儀式起始的步驟，要將壇場環境、所有的儀式用品潔淨。

水是潔淨儀式的媒體，在太平清醮「正醮前儀式」的第一個儀式便是「取水」，喃嘸先生領着鄉民到山溪或古井等地取得清水，以一個大瓦缸盛載，然後用符紙封存，帶返壇場，置於經壇之內。到清醮完結，進行酬神儀式之後分配予鄉民。這一缸清水有一個很重要的象徵意義，就是作為潔淨鄉村及壇場的媒體。

進行潔淨儀式的時候，喃嘸先生要製作一碗潔淨用的符水，方法是先將一根香枝扭曲，放入碗中，然後將一張「淨水符」燒成灰燼，讓灰燼落在清水之中，喃嘸先生跟着用手指向着水畫符咒，賦予法力，產生潔淨的符水。跟着喃嘸先生便可以手執扭曲的香枝，將符水灑向壇場及儀式工具上面，達致潔淨的效果。這是簡單的潔淨儀式，也是很多儀式開始時的一個步驟。

在招請天上兵馬的武場儀式中，喃嘸先生則會在步罡踏斗的時候喝一口符水，然後再從口中噴灑出來，以對環境產生潔淨解穢的作用。

在大型的儀式裏，如在太平清醮的上表儀式中，喃嘸先生會採用面積比較大的「解穢符」，符紙上寫上神明聖號。儀式進行時，喃嘸先生喃誦符咒內容，意思是迎請相關神明協助潔淨解穢，喃誦完畢後便將解穢符焚化，完成解穢的過程。

喃嘸先生左手拿水碗，右手執法劍，口噴符水，潔淨壇場。（蒲苔島，2021）

淨水符。（蓮花地，2022）

由水、淨水符灰燼及扭曲的香枝做成的符水。（蓮花地，2022）

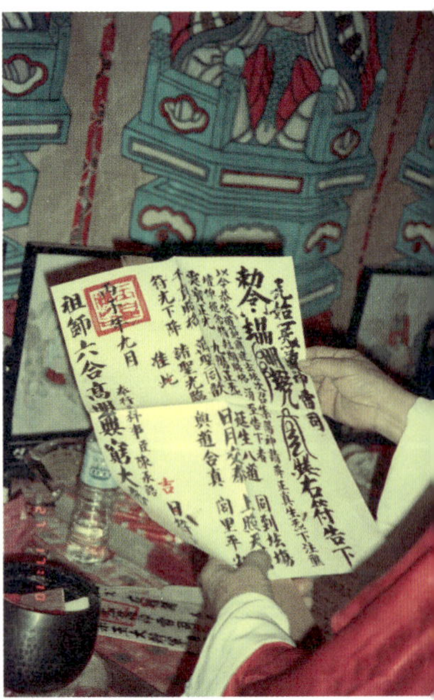

解穢符。（石澳，1996）

三、兩個壇場範圍

在取水儀式之後，緊隨的是「揚旛」，旛竿位置表示壇場界線，告知遊魂野鬼那裏是儀式施化的地方，界線以外就沒有儀式及祭品。壇場內有大士王紙紮像，負責管理醮場的幽魂，所以旛竿燈籠與大士王是界定壇場範圍的主要符號。這樣便形成了兩個層面的壇場範圍，一個層面是由旛竿燈籠界定的外圍界線；另一個層面是由竹棚建構物組成，包括經棚、神棚、大士棚、城隍殿或玉皇殿等建構物組成的「核心壇場」。

有些地方設立旛竿燈籠的位置就是在基本建構物的核心壇場的邊緣，但有些地方的旛竿燈籠則遠離基本建構物，這樣便形成兩條不一樣的壇場界線。這兩個壇場範疇由不同的儀式界定。通常「揚旛」儀式是由鄉民主導的，包括決定放置旛竿的數目及位置。旛竿豎立之後，喃嘸先生便為旛竿配置旛亭，並進行開光儀式，每一個旛亭由一位神明駐守。有些鄉民的說法是，揚旛之後打醮便正式開始，清醮成員鄉村的村民便要開始食素。這個由旛竿構成的壇場範圍，在核心儀式的第一天開始，由每天的「三朝三懺」儀式所確認。喃嘸先生領着緣首到各旛竿朝拜，一直至祭大幽之前。

核心壇場的確認

由竹棚建構物組成的核心壇場，則在揚旛之後的第二天晚上的儀式中被確認。喃嘸先生施演「禁壇打武」儀式，將核心壇場潔淨，亦稱為「淨壇」。這個儀式也為翌日清醮正日的儀式做準備。正日那天舉行一個迎聖儀式，即邀請天上的神明到臨，所以一定要將壇場打掃乾淨。

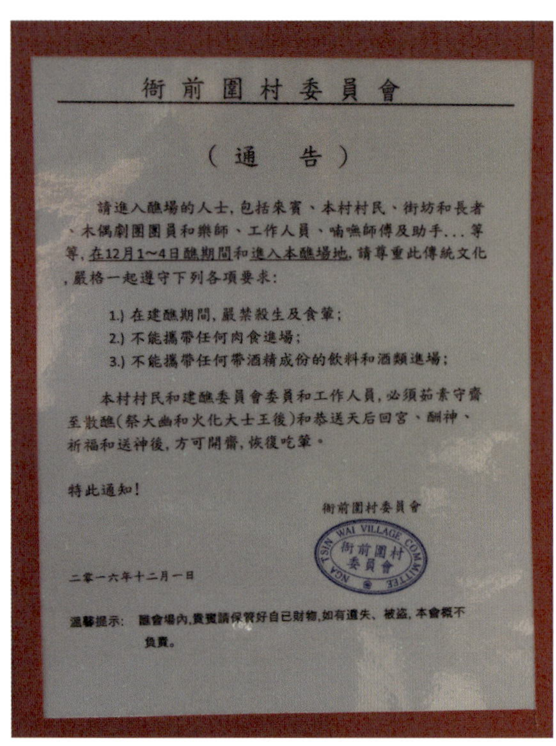

衙前圍村委員會

（通　告）

請進入醮場的人士，包括來賓、本村村民、街坊和長者、木偶劇團團員和樂師、工作人員、喃嘸師傅及助手……等等，在12月1～4日醮期間和進入本醮場地，請尊重此傳統文化，嚴格一起遵守下列各項要求：

1.) 在建醮期間，嚴禁殺生及食葷；
2.) 不能攜帶任何肉食進場；
3.) 不能攜帶任何帶酒精成份的飲料和酒類進場；

本村村民和建醮委員會委員和工作人員，必須茹素守齋至散醮（祭大幽和火化大士王後）和恭送天后回宮、酬神、祈福和送神後，方可開齋，恢復吃葷。

特此通知！

衙前圍村委員會

NGA TSIN WAI VILLAGE COMMITTEE 衙前圍村委員會

二零一六年十二月一日

溫馨提示：醮會場內，貴賓請保管好自已財物，如有遺失、被盜，本會概不負責。

齋戒通告。（衙前圍，2016）

齋戒通告。（錦田，1995）

齋戒通告。（北港，2020）

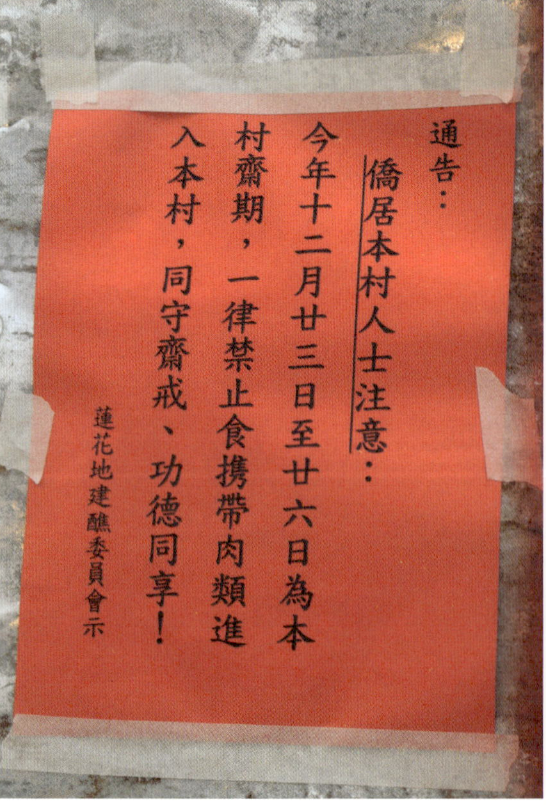

齋戒通告。（蓮花地，2022）

淨壇的科儀是屬於「武場」，喃嘸先生透過科儀，手執「五雷號令牌」，邀請雷霆天兵天將，下來打掃壇場，將不潔的東西掃走，讓兵馬鎮懾周邊的孤魂野鬼，達致一個神聖的場所。「打武」儀式要耍纓槍、舞火蓆及舞火繩，之後喃嘸先生拿着燃燒的火盆到供奉神明的地點巡遊。這些活動的特點是以「火」作為潔淨儀式的媒體。

「禁壇打武」將施演儀式的範圍潔淨，也就是將儀式場地界定出來。

四、敲擊音樂效果

正一儀式中的音樂，以敲擊音樂為主，由「掌板」領導鑼及鈸的演奏，加上嗩吶的高頻旋律配合，襯伴喃嘸先生步罡踏斗，及為喃唱伴奏。在大型的儀式活動，如太平清醮儀式裏也可有不同的細分的儀式環節，在這些儀式環節裏，音樂擔任一個重要的角色，包括界定儀式的開始、過程和終結。

儀式如何開始呢？洪亮的敲擊音樂，可以蓋過所有的聲音，令到所有人都要留意，太平清醮是大型的社區性儀式活動。要通知不同的超自然元素，要通知社區居民來參與，敲擊音樂就是儀式開始的重要元素。在重要儀式開始之前，有「響金」環節，喃嘸師傅會演奏不同的排子樂（亦有寫作「牌子樂」），可以視之為開場音樂。[20] 在行朝的儀式過程中，沒有敲擊音樂隨行，高頻的嗩吶聲便擔當知會坊眾的角色。

20 在進行喪禮儀式時音樂的角色尤其重要，因為坊間相信喪禮充滿煞氣，高頻的嗩吶聲音、響亮的敲擊音樂，通知參與者儀式的過程，亦知會旁人迴避。參看廖迪生、馬健行：《香港民間儀式：與正一道教科儀專家漫談》（香港：香港科技大學華南研究中心，2021），頁 79-97。

嗩吶可以產生高頻聲音，是正一科儀重要的音樂元素。喃嘸先生稱之為「大笛」，坊間亦稱之為「啲打」。（龍躍頭，2023）

行朝隊伍中的嗩吶醮師（左一）。（沙江圍，2019）

五、王朝官僚架構的想像

喃嘸先生施演各種儀式時，都在模擬傳統王朝社會的官僚階序關係。喃嘸先生有令牌、令旗、朝板（笏）等法器，就如官員發號施令時所用的物件。高功的禮服遵照官服形式。儀式中使用的牒、文書、榜文，醮場中還有城隍。這些都是建構王朝官僚階序關係的想像，並在傳統儀式中表現出來。[21]

在民間宗教的理念裏，神明與信眾的關係，是一個王朝官僚與民間社會關係的反影。正一科儀的壇場與儀式設計，都是一個王朝官僚架構的想像。城隍（或玉皇）是醮場內基本建構物的組成部分，代表官僚體制也在監察着清醮的進行。然而這個神明體系是在天庭，所以大部分的儀式都是透過喃嘸先生與天庭的神明溝通。

經壇是打醮儀式活動的核心，大部分清醮的儀式都是在經棚內進行，經棚入口的兩旁放置高大的紙紮龍虎將。棚內的中央後方設置神壇，供奉着「三清」的畫像，畫像前置一神枱，上面放了香爐及儀式法器。

經棚前方入口中央置一神枱，上面也同樣放了香爐及儀式法器，這一個神枱所面對的是「天階」的方向，也即天庭神明的位

21 Feuchtwang, Stephan, *Popular Religion in China: The Imperial Metaphor*. London: Routledge, 1992; Wolf, Arthur P., "Gods, Ghosts, and Ancestors." In Arthur P. Wolf (ed.), *Religion and Ritual in Chinese Society*. Stanford: Stanford University Press, 1974.

喃嘸先生手執「五雷號令牌」，召喚天兵神將。（蓮花地，2022）

置。科儀活動在兩張神枱之間的空間進行。很多時候，喃嘸先生領着緣首跪下來叩拜，情況就像平民百姓求見縣官大老爺的情景一樣。

從服式上來說，喃嘸先生穿着的道袍，類似王朝時代的官服，就令人想像他們是古代的官員。在進行儀式時，會用「朝板」（笏）、「五雷號令牌」、「法劍」及「令旗」等道壇法器。朝板是王朝時代，臣下上殿面見皇帝時的工具，用以書寫記載參奏的內容。喃嘸先生進行儀式時的動作，就像臣下稟告皇帝的情況。

「五雷號令牌」、「令旗」及「法劍」則是類比為王朝官員號令兵馬的憑證。喃嘸先生也形容「五雷號令牌」為他們的「祖師爺」，是邀請天兵神將下來儀式壇場的令牌。抓着令牌，然後唸動咒語，步罡踏斗，通過儀式請天兵神將下來。步罡踏斗，亦稱「罡斗」，即是喃嘸先生進行儀式時的步法。

正一儀式壇場仿照官府衙門的場景。信眾的角色是老百姓。喃嘸先生就像皇帝委任的官員，與民間社會互動。儀式專家和信眾的關係就像官民關係。模式、動作的安排，也很像進入衙門。所以正一的儀式體系其實就是對官僚體系的模擬、類比。

旛旗。（蓮花地，2022）

五雷號令牌。（蓮花地，2022）

然而，這個神明體系是存在在天庭，所以官員不只跟皇帝溝通，也跟整個宇宙發生關係，成為老百姓和上天的中介者。經壇上方懸掛的大羅天就是代表整個宇宙，經棚兩側的十王殿圖畫表示儀式與地府的關係。喃嘸先生在大羅天之下、在十王殿之前進行的儀式，把地方、下界和宇宙連繫起來。做儀式既為鄉村，也為整個宇宙。整個過程表現了普通老百姓跟國家、天庭的關係。

六、溝通天庭

所有正一科儀開始的時候，喃嘸先生都會喃誦神明的名稱，迎請祂們幫助儀式的進行。而在儀式中，喃嘸先生代表主家陳述他們的要求，而這些要求變成文書表牒，由功曹馬送往天庭。在「迎聖」及「敕馬」的儀式安排上，顯示正一儀式在這一方面的設計所塑造的儀式權威。

（一）「迎聖」儀式

另一個天庭、王朝與民間社會的想像，從「迎聖」的儀式最能表現出來。「迎聖」儀式的過程是迎接神明到臨醮場，儀式在醮場的空地進行，代表主要神明的神像放在獨立的枱上供奉，各緣首及他們的家庭成員分工負責照顧每一張神枱，高功則穿上皇袍朝拜各神像，然後將神像送回原來供奉的位置。在這個過程中，神明從天而降，喃嘸先生代表皇帝將神明迎接到民間。

紙紮城隍（有些地方以「玉皇」代替）是太平清醮壇場中必有的神明，因為祂是王朝時代管治地方社會的最重要官員。每天三次的行朝，都要前往城隍棚朝拜。而在迎聖儀式裏，城隍也是要迎接的其中一位神明。

（二）「敕馬」儀式

在正一科儀中，不可或缺的儀式紙紮品是「功曹馬」。功曹馬是「功曹」使者坐在一匹馬上的組合。當喃嘸先生完成科儀，要將內容稟告天庭，便會把儀式中所用的表牒與功曹馬一起焚化，象徵把資訊送到天庭。在焚化功曹馬之前，喃嘸先生會手執法劍，施演一個「敕馬」的儀式動作。（見右頁圖）

在字典上，「敕」的意思是指（i）帝王的詔書，誥令（ii）告誡、命令。從字面上的解釋，「敕馬」就是皇帝命令官員派那隻馬去做事情。但邏輯上，皇帝命令的應是功曹，而不是馬。「功曹」是古代的官職，負責選署功勞工作。在道教傳統裏，「功曹」是負責監察世人功過、傳遞文書的神靈。「敕」也就是敕令，是官員發出命令。

「敕」字交代了喃嘸先生與紙馬的關係，並類比成王朝社會的統治關係。喃嘸師傅進行這個儀式，恍如官員行事，表現了王朝官員跟地方老百姓的關係。「功曹」就是記錄和向天庭上報人間活動的官員。天庭、功曹與人間的關係，就好像王朝時代皇帝、官員與地方社會的關係。皇帝與地方社會由官員聯繫起來；在儀式中，功曹將普通人跟天庭連繫起來。

喃嘸先生左手執符水，右手執法劍，進行敕馬儀式。（蠔涌，2020）

在頒赦儀式中，喃嘸先生勅令功曹馬登程「書符步罡」之口白內容：

尚伸關召、三界符吏、四值功曹、

從天而降、下地而來、來赴道場、

吾奉祖師三天法主元君律令。

天星天星、地靈地靈、令牌一響、

聽吾號令、法鼓三通、萬神咸聽。

天雷隱隱、龍虎轟轟、日月羅烈、

照我分明、承差官將、速赴登程、

伏以

上登裏內、弟子凡庸不能面奏、

仰凡功曹手持牒文上達天庭、

親面玉皇、無可為敬、無以為誠、

敬備宮花兩朵、美酒玉杯奉獻功曹、

初杯奉獻、二杯又來、三杯通大道、

四杯奉向馬頭伏惟洞鑒。

功曹騎馬去匆匆、疾速飛騰變化中、

帶領文表天上去、拜請諸聖下壇中。

千、擺轉馬頭、騰空飛奏。

七、文字權威

正一科儀體系仿照王朝官僚關係，以文書作為人類社會和超自然世界的溝通媒介。正如地方官員上奏民情，皇帝硃批奏摺，發還地方，層級之間靠文字紀錄。正一師傅的科儀裏有很多以文字書寫的儀式文書，常見的包括表、牒、符及榜文等。

牒是指文書、證件。「表」是王朝時代大臣寫給皇帝的奏章，是為表章。「上表」儀式是為了通知天庭，太平清醮即將舉行。讀完「表」的稟奏內容及人名之後，將表放在封筒裏，然後交予功曹馬，按照筒上所示，送往「天地水陽宮」。

在宿啟開壇儀式中，也要準備表文，與上表時的表文一樣。而頒赦儀式中的「赦書」，也是清醮中的主要儀式文書。

「意文」是代表整個社區成員參與太平清醮的一本登記冊，收錄了全村參與者的姓名，在所有的儀式中，頭名緣首都要拿「意者」(意者亭及意文)，代表整個社區的參與。

榜文是張貼出來的通告或名單，在太平清醮中，主要的有人緣榜、款榜及幽榜。張貼人緣榜（金榜題名）便好像是皇帝公佈皇榜一樣，先由喃嘸先生簽名，繼而由高功用硃砂筆圈點各榜文，然後由緣首抬着榜文到張貼的地方進行啟榜。在儀式中將所有參與者的姓名貼出來，包括所有緣首及一眾醮信。

「款榜」是解釋太平清醮的內容，包括喃嘸先生所做的事情，通常張貼在人緣榜之後。

「幽榜」是給孤魂野鬼看的，內容是一些經文，張貼在大士棚的旁邊。幽榜由緣首簽署，即是告訴幽魂，清醮中的科儀和施化的物品都是由鄉民付出。

以上列出了清醮中主要的儀式文書，其中上頭、二及三表的表文，人緣榜，意文，開壇表文及頒赦的赦書，這七份文件都有一個共同的結構，就是除了稟告儀式活動的目的之外，便是記載了所有參與者姓名。一些人口比較多的社區，參與成員可以多達數千人，人緣榜更可長達二、三十米。這些表及榜文都會經過喃嘸先生的朗讀及雄雞冠蘸血的潔淨處理。

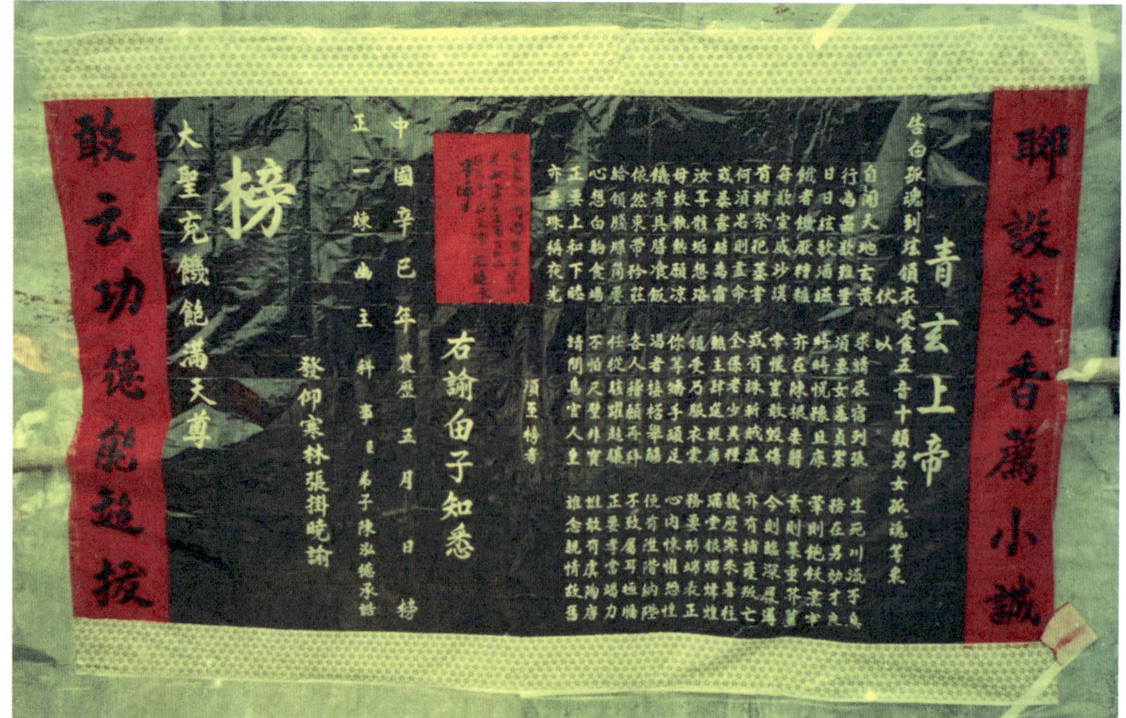

幽榜。（高流灣，2001）

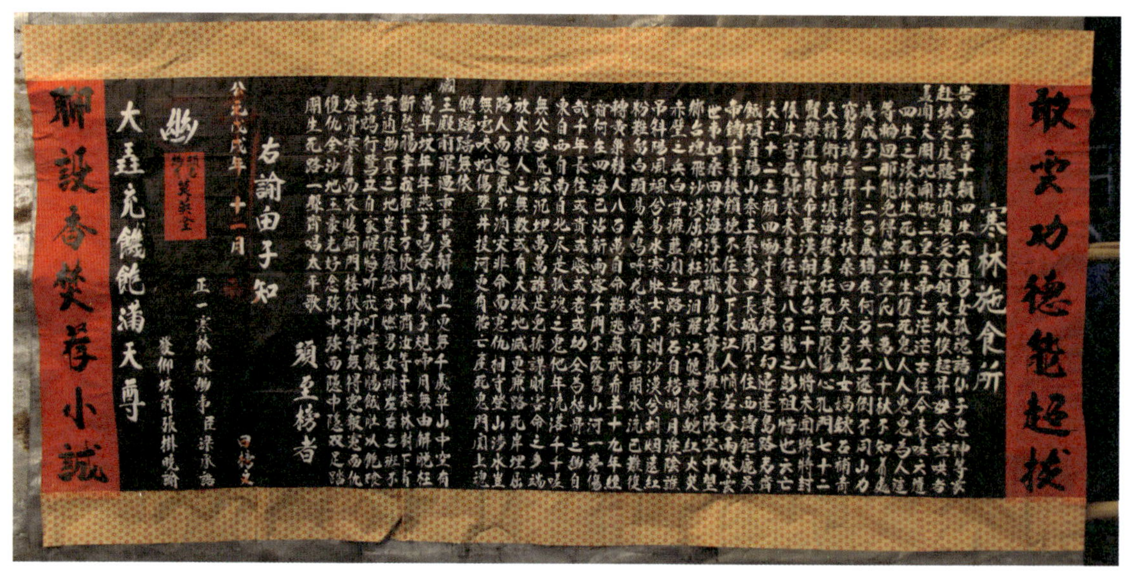

幽榜。（沙江圍，2019）

符就是儀式專家畫出來的符號，用以驅鬼的符咒或護身符。打醮時會用淨水符，在儀式中火化，混成符水，用來潔淨環境，解除污穢。符除了是寫在紙上，也可以用手指或法劍，在空氣中寫劃出來。這些文字形式的符號，塑造符的神聖，可以用來消除不潔的東西。掛在醮棚天花的大羅天包含二十八星宿，象徵整個宇宙參與在儀式裏，每個星宿由一道紙符代表，太平清醮完結後，這二十八個星宿的紙張會分給參與的緣首，成為他們的護身符。

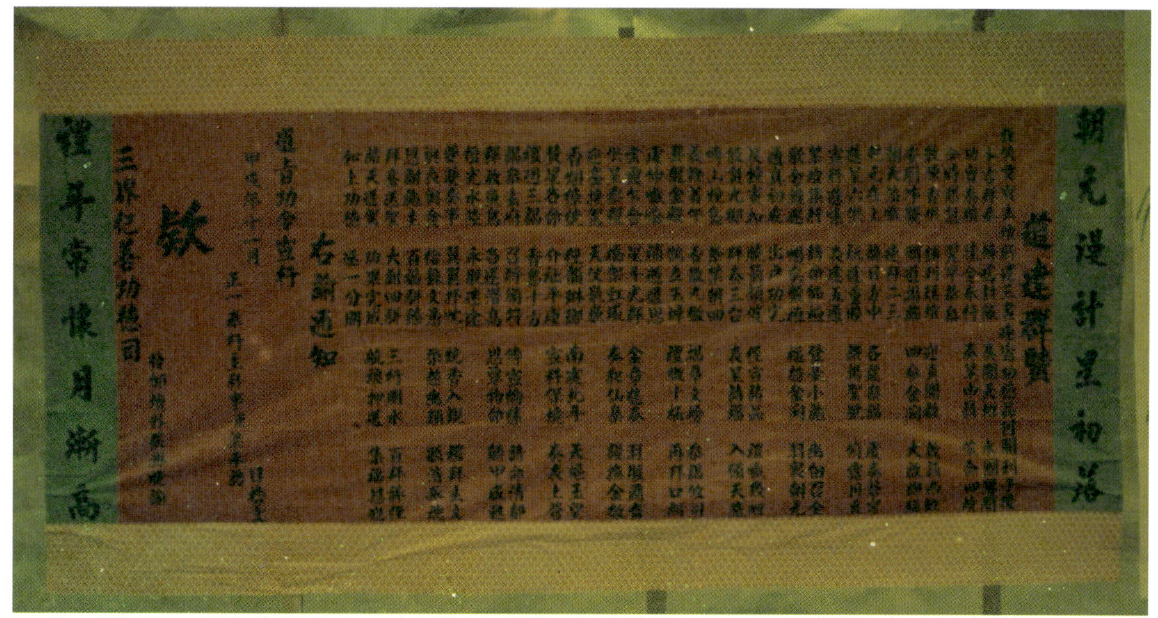

款榜。(沙江圍，1994)

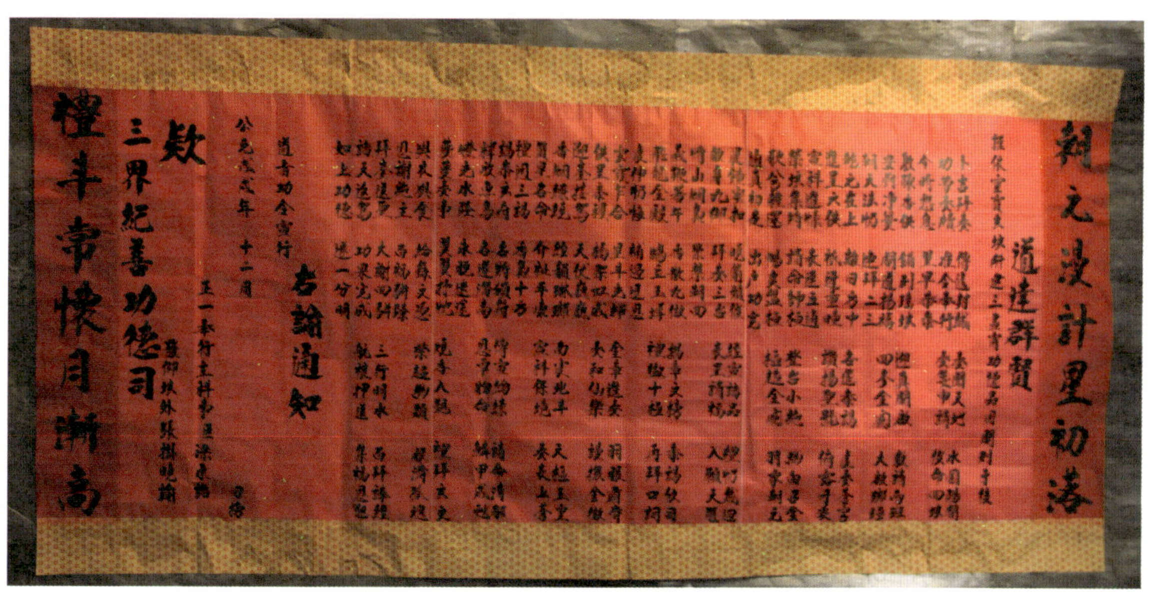

款榜。(沙江圍，2019)

科儀書是正一儀式的根據，喃唱的文本，步罡踏斗的方式，以及符咒的書寫，都記載在科儀書上，喃嘸師傅的操作皆照本宣科。因此，喃嘸先生需要有自己的科儀書作為施演科儀的基礎，所以以文字記錄的科儀書是師承傳統的重要元素。以往的年代，喃嘸先生的科儀書都是手寫、手抄，所以喃嘸先生都要練書法。他們要掌握儀式文書的內容，還要掌握書法的技巧，因為壇場裏的文字都要張貼出來，所以文字要寫得漂亮。

金榜題名 / 人緣榜

（沙江圍，2019）

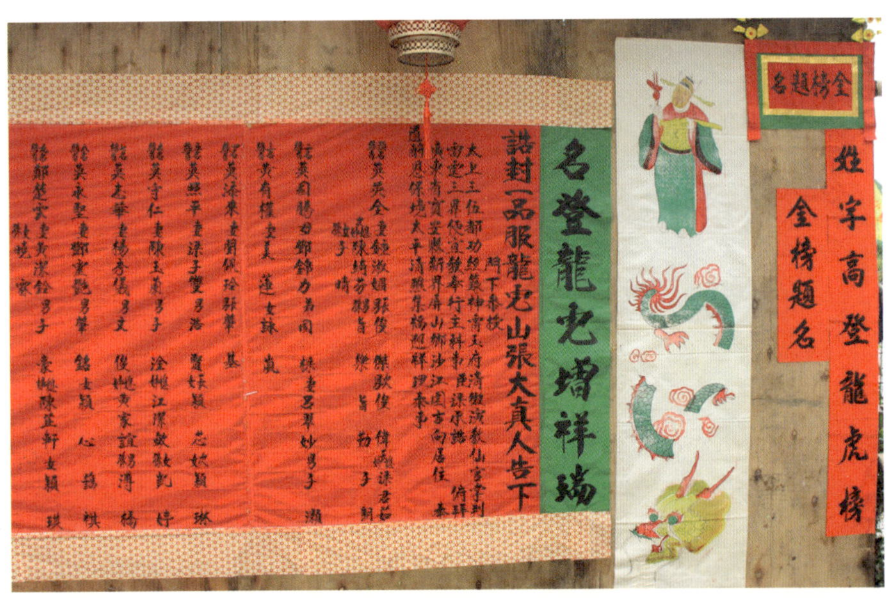

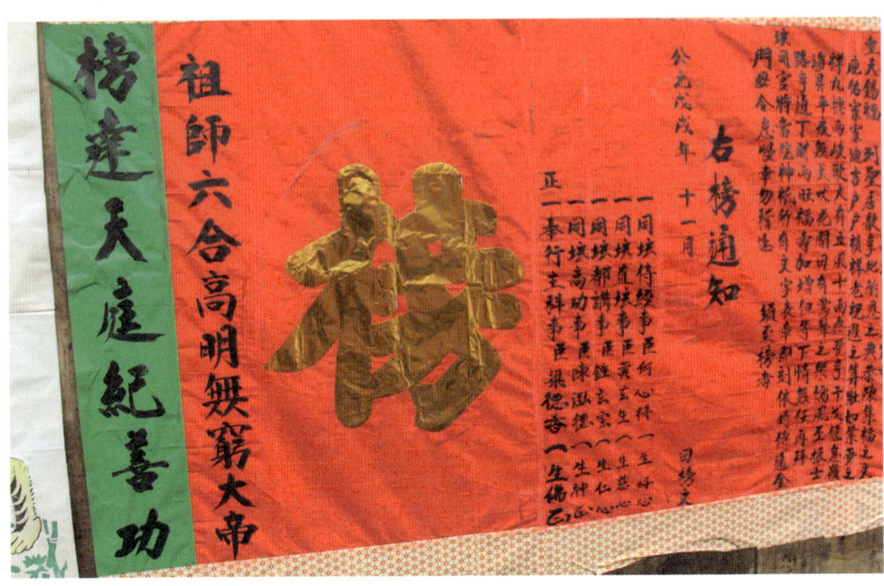

意者

意者，包括①意者亭及②意文。（沙江圍，2019）

意者亭內的銀製小關刀。（蓮花地，2022）

意文。（沙江圍，2019）

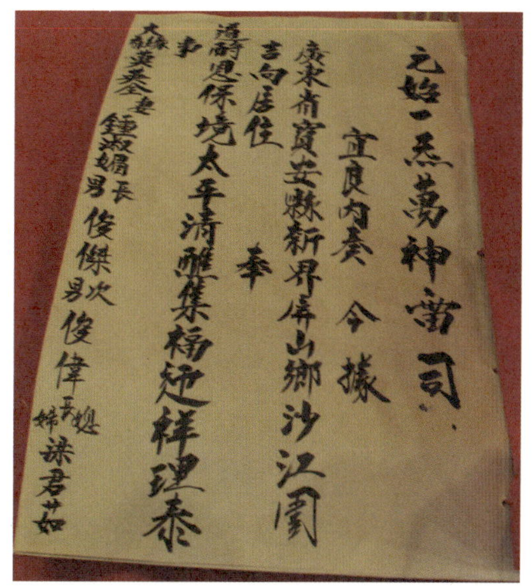
元始一炁萬神當司
宣良內奏 今據
廣東省寶安縣新界屏山鄉沙江圍
吉向居住 奉
通酬恩保境太平清醮集福迎祥理泰
事

意文內頁。（沙江圍，2019）

第三節　社群參與

喃嘸先生是受聘施演科儀的儀式專家，他們擔任中介的角色，將主家的訊息送往天庭。然而，主家在大部分的儀式中都有角色，這是正一科儀的特色。在最簡單的儀式裏，喃嘸先生也會要求主家在儀式中為神枱上的茶杯、酒杯添茶添酒，及幫忙焚燒金銀衣紙。太平清醮是一個大型的社區性活動，雖然通常由「建醮委員會」負責統籌，但整個社區的成員都是「主家」。正一科儀的特色是開放的儀式壇場，也就是説，無論男女鄉民，在任何時候都可以走到科儀現場觀看儀式的進行。

一、全社區參與

今天籌辦一個太平清醮所費不菲，一個普通規模的估計需要三百萬元以上。如果一個家庭出資一千五百元的話，便需要二千個家庭來支持。要獲得這個數目的支持者並不容易。新界傳統是以按「丁口」的方式來籌集資金，要求社區成員按丁口及戶口，按定額出資。而一些財政寬裕的宗族或鄉村組織，會以公家財政支持，減輕成員的負擔。

丁口登記的方式，主要都是按照父系家庭組織原則，以父親或祖父作為一家的最高代表，這包括他們的太太、所有男性後代及他們的配偶，以及未出嫁的女兒，這些成員數目便是「丁口」；這些未分家的成員組成一個戶口，是謂「門頭」；所有成員組成「一柱」。這個丁口登記的方式，讓社區內的每丁每戶按定額繳交醮金。這樣大會便可以募集到足夠的資金，支持清醮。但當大家出了錢，便需要一個讓大家參與的機制，讓大家享受到太平清醮所帶來的好處。

為了按丁口出資的安排，太平清醮的建醮委員會便需要進行一次人口登記。他們要逐家逐戶，將村中所有成員姓名找出來。現今社會，很多鄉村成員都不是住在鄉村，有些住在市區，有些或已移民外國；雖然如此，很多鄉民都願意支持。這個人口登記記錄，便成為清醮參加者的名單，清醮儀式文書的報告內容。

太平清醮的主家不是一個人，而是一條鄉村或一個鄉約，人口眾多的可以有數千名成員。怎麼讓數千人都感到他們是儀式的一份子呢？如何讓所有社區的成員參與活動呢？這便需要一個公開及公平的方式讓鄉民參與。當然，數千人不可能同時參與喃嘸先生的儀式活動，另一方面，也不是每一位鄉民都有興趣參加。

太平清醮的核心儀式在年底才舉行，但為了獲取鄉民參與的機會，農曆年初便會在保護神的廟宇內舉行「打緣首」活動。成功成為「緣首」的，便要代表鄉民參與所有清醮的儀式。

社區內的所有男士都可以參加「打緣首」，以「揗杯」（擲筊杯）的方式選出，最先連續獲得指定聖杯（勝杯）數目的，便可以成為緣首。當中不同地方的清醮有不同的緣首數目，由三位至十位不等。他們是儀式代表，代表整個社區去參與整個清醮活動。

由於緣首是代表社區參與清醮，他們便應該全程參與，所以儀式舉行的日期和時間便要與緣首的時辰八字配合，不應相沖。

神功戲

道教科儀是太平清醮的核心活動，然而除了宗教儀式以外，地方社會也會聘請戲班上演神功戲或木偶戲，娛人娛神。

粵劇神功戲。（山廈，1991）

木偶戲。（衙前圍，1996）

鄉民也會表演武術及舞麒麟助慶。(山厦，1991)

因此，選出緣首之後，便要請擇日專家按緣首的時辰八字擬訂合適的「吉課」(亦稱「日課」)，[22] 即是清醮活動的時間表。這樣，緣首便成為鄉村社區的代表參與在整個清醮的活動裏面。

所有社區成員，尤其是在年底舉行核心儀式時，都要遵循俗例，齋戒沐浴，每天吃素。對出任緣首的鄉民來説，齋戒沐浴的意思還包括不應該有性行為。當然，鄉民都會到醮場觀看神功戲，到醮場內供奉神明及幽魂的各個設施上香。這些都是社區成員自己遵從，自我身份確認的行為。

二、參加者名單

由登記戶口人名所形成的文書紀錄，成為全體鄉民參與清醮的一個主要方式和依據。這個人口紀錄是按「門頭」[23] 為單位，依緣首、醮首及醮信的次序排列的「參加者名單」，這張名單成為清醮中的表文、意文、榜文及赦書內容的基礎材料。

22 見頁 69 照片。

23 在一個男姓家長之下，按父系繼嗣關係組成的家庭單位，這個「門頭」組織可以是一個「擴大家庭」，由多個兄弟的核心家庭組成，而且不一定是住在一起的。

（1）表文：在舉行清醮儀式之前，有三個上表儀式，將「表文」送往天庭。表文的內容是稟告天庭，地方社會將於甚麼時候舉行太平清醮，而表文內容包括所有鄉民姓名的「參加者名單」。

（2）意文：在整個正醮儀式的過程中，頭名緣首都要雙手奉着「意者」（見右頁圖），「意者」由一個「意者亭」和一本「意文」組成，二者放在一個圓形托盤之上。「意文」是一本名冊，寫上了打醮的地點、時間與目的，及參加者名單。

意者亭放在意文的上面，目的是保護意文，因為「亭」可以遮風擋雨，不用日曬雨淋。同時，意者亭內插着一把模型金屬小關刀，鄉民認為關刀是關帝的兵器，代表天地正氣，是一件擋煞的兵器，可以保護意文，也就是保護整個社區成員的意思。

模型小關刀多以金或銀打造而成，這把小關刀是由太平清醮主辦單位提供，在打醮儀式結束後，這把關刀便屬於頭名緣首。從另一個角度看，這把關刀由整個社區成員出資製造，具有鼓勵性和象徵性。可見，鄉民都認為成為頭名緣首，是一件很光榮的事情。

（3）人緣榜：「人緣榜」亦稱為「金榜題名」，是以紅紙製作，一米多高，十數以至數十米長，長度因應參加者名單長短來決定。上面以毛筆書寫了打醮的目的、參加者名單，以及吉祥結語。

人緣榜在「正醮」一天的「啟榜」儀式時張貼，同時張貼的還有「幽榜」及「款榜」。「正醮」當日，是友好鄉村前來恭賀清醮的日子，也正是他們可以觀看啟榜儀式、觀看榜文內容的時候。

很多地方在打醮核心儀式之前，建醮委員會都會向成員分發燈籠。有些地方在喃嘸先生完成上榜儀式之後，鄉民便會拿着點燃的燈籠，到人緣榜前「照亮」自己及家人的名字，然後提着點燃的燈籠回家，沿途還會燃放爆竹。

（4）赦書：「頒赦」儀式在正醮最後一天的下午舉行，一名鄉民拿着背着赦書的紙紮五色功曹馬，繞着社區跑一圈，回到經棚之後，喃嘸先生便將赦書解下，然後在經棚前的天階宣讀赦書內容。喃嘸先生高高在上，坐在桌上的椅子宣讀，有些地方還會用上擴音機，以讓更多人聽見。

緣首要參加所有喃嘸先生施演的儀式，他們代表整個鄉去參加這些活動。儀式進行時，他們跪在喃嘸先生的後面，中間的頭名緣首手上拿着「意者」，「意文」裏面記載了清醮所做的事情、鄉民所祈求的願望，及所有參與者的姓名。（山廈，2011）

在正一道教的儀式裏，所有送往天庭的文書，都會首先在儀式中朗讀，最後與功曹馬一起焚化，送往天庭。由於表文、赦書上的內容，以及人緣榜等都包含所有清醮參加者的名單，所以朗讀的時間比較長，而這也是鄉民參與清醮儀式的一個場合。

鄉民非常在意自己的名字是否正確，當喃嘸先生朗讀人名時，他們都會跑到喃嘸先生旁邊，專心聆聽喃嘸先生讀出他們本人及家人的名字，若有錯漏，便會要求喃嘸先生更正。近年手提電話通訊方便，更有鄉民以手提電話將喃嘸先生的朗讀直播給海外的親友觀看。

鄉民對書寫在人緣榜上的人名尤為在意，這是因為人緣榜是醮場的焦點，而且會在醮場裏張貼數天。在啟榜儀式貼出人緣榜後，大家就會馬上檢視自己及家人的姓名，若有錯漏，便會立刻請喃嘸先生改正。喃嘸先生會在錯誤的地方貼上紅紙，然後重新寫上正確的名字。與表文及赦書的處理一樣，人緣榜張貼之後，喃嘸先生便會朗讀榜上的人名，鄉民更會站在自己的名字的位置，等待自己的名字被讀出。

這些附有所有參與者姓名的文書，喃嘸先生朗讀之後，都要經過潔淨儀式的處理，用雄雞冠蘸雞血酒潔淨文書，藉雄雞的陽剛之氣，辟走污穢之物。當然，進行潔淨儀式步驟時，例如表文及赦書等需要立刻焚化送往天庭的，所有的文書表牒及功曹馬，都會經過蘸雞血酒的潔淨方式，然後才送往焚化。

改正人緣榜上的人名。（沙江圍，2019）

啟榜儀式完成後，鄉民提着點燃的燈籠到人緣榜前，照亮自己及家人的名字。（廈村，1994）

三、參與儀式

由於正一道教儀式需要主家的參與，所以所有的科儀都是喃嘸先生與主家合作的結果。若是屬於一個家庭的儀式的話，那便自然由家庭成員參與，而太平清醮的儀式參與者則是選出來的緣首。基本上主家的參與都是循着喃嘸先生的指示進行，屬於被動的方式。但在太平清醮的儀式活動中，牽涉到地方社區的範圍及界線的活動時，例如保護神的選擇，揚旛的位置及大士王巡村的路線等，鄉民的角色便變得主動了。

緣首的工作是代表整個社區參與太平清醮的儀式。鄉民認為能夠透過擲杯擔任緣首，那是神明的眷顧；而可以參與所有的儀式，尤其是在儀式中親手迎接菩薩神像，是福氣、是難得的機會。因此，有些家庭為了提高成為緣首的機會，家中的所有男性成員都會參加擲杯選緣首。當擲杯成功，獲得緣首位置時，便由家長出任。

緣首的工作就是按喃嘸先生的指示，參與所有太平清醮的儀式。他們都會穿上長衫參與儀式，以示莊重。在核心儀式的幾天裏，儀式通常在早上八時開始，到晚上十一時為止，當中一項每天要做的儀式是「三朝三懺」，在喃嘸先生帶領下，緣首每天三次到所有的旛竿朝拜，頭名緣首拿着意者，其他緣首則拿着「八寶旛」。有些地方的旛竿豎立在遙遠的位置，走路的話有一段距離。朝旛之後便要回去經棚做「拜懺」儀式，那個環節要跪上半小時。

老人家有機會做緣首，都會很投入於儀式活動，但這些看來簡單的儀式，對體力的要求卻很大。雖然中間有休息及用膳的時

在淨手儀式後段，喃嘸先生與緣首互相敬酒。（元崗，2018）

間，但很多緣首都已年屆六、七十歲，當中有些更有膝蓋毛病，不能長時間跪在地上，當老人家應付不來便要家中的年輕男士輪流幫忙。因此，緣首的工作不是一個人的事情，而是一個家庭的活動。

緣首的工作主要是按着喃嘸先生的指示，代表鄉民跪拜和每天朝旛三次。但其中有一個特別的「淨手」儀式，是重要科儀的前奏。那是讓緣首與喃嘸先生一起肅整衣冠，然後才開始下一個儀式，例如上表或啟榜。有趣的是，緣首參與這個儀式是沒有經過綵排的。那麼在沒有綵排之下，如何可以完成該儀式呢？

在進行「淨手」儀式時，現場左右兩方各放置了一座肅整衣冠的裝置，分別裝上鏡子，其中一座置有洗手的面盆。儀式的過程首先是由喃嘸先生進行肅整衣冠的步驟。在喃嘸先生扮演的禮生引領下，由高功開始走到第一座裝置，對着鏡子整理衣冠，然後走到第二座裝置洗手。然後，其他喃嘸先生重複以上程序。喃嘸先生的動作可以說是給緣首的示範。然後，在禮生引領下，緣首重複喃嘸先生的做法，肅整衣冠。跟着，禮生給每名緣首一小杯米酒，請他們奉予喃嘸先生；然後，喃嘸先生回禮，也給緣首奉上小杯米酒。至此，「淨手」儀式完成，喃嘸先生開始施演科儀。

村中婦女幫忙準備齋菜，後面是喃嘸先生及緣首「行朝」，向灶君朝拜。(沙江圍，1994)

上表儀式，站在一旁觀看的婦女。（廈村，1994）

有趣的是，喃嘸先生並不視「淨手」為「儀式」，他稱之為一項準備工作。但這個「淨手」「儀式」卻創造了一個鄉民與儀式專家的互動機會，讓緣首感覺到他們是打醮儀式的重要一員。

然而在太平清醮的活動中，喃嘸先生只是照本宣科，他們是外來人，對社區範圍、地方傳統並不了解。例如太平清醮的請神選擇，便是地方社會的事情，因為一位廟宇神明，同時可以是不同社區的保護神。相鄰的社區是否接受你取去神明行身像，這牽涉到與相鄰社區的關係。揚旛的地點也是敏感的，旛竿引來幽魂，揚旛地點附近的鄉民是否接受？大士王巡村的路線更是鄉民特別關注的，因為大士王巡村的效果要持續一個清醮周期。這些容易引起爭議的事情，變成是鄉民主動參與的清醮事項，喃嘸先生在這些活動中沒有角色。

太平清醮醮場內豎立着很多花牌，由清醮主辦組織及社區的友好送來，是地方社會關係的一個表現形式。（蠔涌，2020）

有趣的一點是，大士王巡村並不是清醮吉課上的一個正式活動，而是在祭大幽前，要將大士王搬到儀式場地，鄉民將這個搬動的過程變成為大士王巡村。鄉民抬着大士王到他們覺得幽魂比較多停留的位置，鄉民的用語是「照一照」，作用是趕走幽魂。鄉民相信過程中有很多幽魂，祂們或會找鄉民的麻煩，於是大士王出巡有一個習慣，就是參與者儘量不要發出聲響，不許叫別人的名字，不要讓幽魂知道誰人參加了大士王巡村。

近年公眾對非物質文化遺產的興趣增加，太平清醮科儀活動都會吸引大批攝影愛好者。（龍躍頭，2023）

杯山街坊盂蘭勝會
二〇一〇年
合境平安

第四章

盂蘭勝會

馬健行

第一節　昔日的盂蘭勝會

在農曆七月，不少社區也會舉辦祭祀孤魂活動。人們認為亡魂象徵不潔，會為人們帶來惡運，是以希望通過燒衣施食、祭祀儀式等方式減少祂們帶來的影響。也有大眾會在超度孤魂的同時祭祀祖先，期望得到祂們的福庇。當中不少社區邀請儀式專家來執行儀式，希望藉着功德活動來得到神明保佑。喃嘸先生主理的盂蘭勝會雖然涉及已離世的祖先和孤魂，但並非直接處理與死亡有關的喪禮和殯葬，因此喃嘸先生也會將這類儀式歸納為「清壇」，即為社區祈福的功德法事。儘管地方社會分別以盂蘭、盂蘭勝會、打盂蘭、建醮等來描述有關儀式活動，但這些通通都是因在活動期間所執行的儀式能達到陰安陽樂的目標而得名。而作為周期性的活動，社區成員按其組織和傳統舉辦活動，同時因應社會的變遷，儀式的元素組合和執行亦隨之改變。

早於 1933 年，《工商日報》已有記載都市社區盂蘭勝會的情況：

> 夏曆七月拾四日盂蘭節、俗多於此日焚燒衣紙、以白飯生菓芽菜等屬、以祭幽魂。蓋取分衣施食之意也。昨夕節屆盂蘭、港中居民多不免此舉，各處街頭巷尾，燒衣情況，頗為熱鬧……陸上燒衣情況，大同小異，惟海面則有不同。上環海旁、有租數盤艦艇泊此，張燈結綵、誦經施法、大放焰口、岸畔壁立，觀者甚眾，而最奇者，則某泳場是夕大放水陸超幽、據有見者云，是夕之舉行、則非在游泳場之內而在游泳場外之曠地。燒紙大推如山邱，其餘生果芽菜菱角白飯等屬、亦比普通之燒衣者為多，更

延道士一名、羽冠道服、手持丁丁作响、口喃喃作法語，至衣紙燒盡而止。據聞人言，此舉為某泳場等雜役科資而舉行者，其祭年中溺死之人歟，則未聞悉。記者得聆此項消息，特驅車前往調查。比至，則祇見空留餘燼一堆，香烟猶嬝娜也。[1]

報道可見都市水陸居民等，以燒衣或延聘儀式專家的形式來祭祀孤魂。而在 1937 年華民政務司亦再行公佈，提示居民燒衣紙時需要注意火種，不要在汽車馬路旁亂擲祭品，免引動兒童爭相拾取、致生危險。[2] 而在戰後，1948 年《工商晚報》亦報道喃嘸先生主持盂蘭勝會的情況：

水上人的盂蘭節似乎也不讓陸上「專美」。在干諾道西的海旁堤岸，兩艘中型的金星艇，緊靠着堤邊而懸著「×× 堂」的顧繡横額，艇尾豎着大燈籠，「鬼王」、「判官」、「小鬼」的紙紮，和排列祭品的供桌，很整□的排列着。而另一艘則懸着鑼鼓等樂器，這便是水上的超幽道場，□人們的盂蘭節。

在堤岸邊，還豎立著一道「金榜提名」，榜上臚列着舉辦盂蘭勝會的善男信女們芳名。在晚上道場開始，穿□八卦道袍的「喃巫先生」□着，□在喃着。鑼鼓的聲音响着。在另一艘艇上，香燭衣紙在燃燒着，香煙繞繚，鼓鑼聲喧，吸引不少佇立着是堤邊看熱鬧的人們。

聽說人們對鬼神的迷信，是比較深一點的。平素對于鬼神的

1 〈盂蘭節燒衣情況 某泳場亦舉行水陸超幽〉，《工商晚報》，1933 年 9 月 4 日。

2 〈盂蘭節燒衣注意〉，《香港華字晚報》，1937 年 8 月 8 日。

設於公共屋邨天井的盂蘭勝會壇場。（香港仔華富邨華昌樓，2010）

設於公共屋邨平台通道的盂蘭勝會壇場。（葵涌葵盛邨盛興樓，2009）

供奉，都是很虔誠的，關於花向鬼神的錢，從沒有吝嗇的，所以□人們所舉辦的盂蘭節，也比較隆重和熱鬧。[3]

而在 1950 年代的兩則報道，更見港島區盂蘭勝會的活躍情況，以及在盂蘭勝會上演木偶劇、邀請名伶歌唱及僧道尼三界的儀式專家承壇儀式：

昨（廿七）日為農曆之盂蘭節，由於習俗相沿，港九區市民，不論商店住戶，均舉行「燒衣祭幽」。因昨日為正節日，故於黃昏後，各商店住戶，在街頭焚燒金銀紙寶燭冥鏹者，較前昨等日為多……，又連日來，各區街坊商住之舉行盂蘭勝會建醮超幽者，計有西湖街、紫薇街等街坊、及干諾道中、干諾道西兩地海旁之□人艇戶等，建醮超幽，香烟繞繚，鼓鈸聲喧，別具一番熱鬧之景象。[4]

荷李活道大笪地坊眾，昨日舉辦盂蘭勝會，節目異常豐富，有道士醮壇，高僧大放三寶，比丘尼大施甘露法食，并有蓮苑居士壇義務參加瑜伽燄口，戲劇方面有勝利年班手托戲，日夜公演名劇，晚間另由坊眾集資聘請名伶歌唱助慶……[5]

而在 1962 年報道當時已舉辦十六屆的灣仔譚臣道西段盂蘭勝會，更明確指出由市區的正一派陸慶道院主持。而儀式活動歷時更長，並吸引善信以附薦的方式參與：

3 〈水上的盂蘭節 干諾道西海旁〉，《工商晚報》，1948 年 8 月 19 日。

4 〈盂蘭節市面景象〉，《工商日報》，1950 年 8 月 28 日。

5 〈大笪地盂蘭醮會〉，《華僑日報》，1958 年 8 月 31 日。

> 灣仔譚臣道西段坊眾，由農曆七月七至十三日，一連六晝七夜，啓建第十六屆盂蘭勝會……聘由陸慶道院蒞會作法事，超度第二次大戰陸海空三軍陣亡將士及遇難災胞，無主孤魂，並附荐坊眾先靈。初十日環海超水幽，三十晚功德完滿，大放三寶燄口，各界人士參與附荐先靈者，極形踴躍，情況熱鬧。[6]

從 1960 年代前的報道所見，由喃嘸先生承壇的盂蘭勝會，包括有水上社群及陸上的商戶居民團體。從 1933 年的泳棚盂蘭勝會，只有一位喃嘸先生參與，到 1948 年水上人將壇場設立在艇上，並舉辦較大型的盂蘭勝會，而在灣仔譚臣道的盂蘭勝會，更達六晝七夜，並強調包括有附薦先靈，以及環海超水幽的儀式活動，可見不同社區的盂蘭勝會，其規模與呈現方式的差異。

第二節　壇場與儀式結構

盂蘭勝會往往祈求陰陽兩利，既超度孤魂免受侵擾，也希望神明庇佑功德善舉的善信。在道教的神明譜系中，農曆七月十五日是「中元二品赦罪地官清虛大帝」（或稱為「地官」）的誕辰。地官主管赦罪，是道教的三官大帝之一。人們祈望通過拜祀地官讓祖先得到赦免，也為後人帶來福庇。因此在農曆七月舉行的盂蘭勝會，需要恭請掌管赦免人間罪孽的地官，並往往在榜文或儀式的疏文中，表達人們期望藉此時刻讓亡魂能受度：

6　〈灣仔譚臣道西段啓建盂蘭勝會〉，《華僑日報》，1962 年 8 月 11 日。

時惟瓜月，節居盂蘭，家家薦祖德之隆，處處結人緣之盛，念彼爐峰寂寂，間有未度孤魂，香海茫茫，不小飢寒滯魄，古雨怪風而有感，迷煙失度以無依，勿使過時而不遇，致嘆法語之罔聞，須知勝會補修，好向瑤壇受度，茲逢本月十五日迺地官開赦罪之門，坤府啟冥關之鑰，眾等聯結一心，同修寸善……

是以不論盂蘭勝會的規模大小，活動在都市社區中還是沿海的「灣頭灣尾」社區，喃嘸先生也會在活動中啟壇，將儀式用的空間轉化為壇場，因此喃嘸先生奏響鑼鼓、敲響法器、唸誦經文、禮讚神明、在壇場以符水灑淨範圍、以火筆為紮作品開光並成為儀式用具或神明的代表，包括在啟壇發奏儀式中，往往包括一匹紙紮「功曹馬」（一匹紙馬，背上載有功曹像），把訊息傳遞給神明。

由喃嘸先生承壇的盂蘭勝會的壇場，經壇一般安奉道教中地位最高的三清（即元始天尊、靈寶天尊及道德天尊）的神像，也往往設有蓮花形狀的法座，主要在祭幽時使用。壇場範圍內常見一尊腹部隆起的紙紮大士王像，其面容兇惡並手舉「分衣施食」的牌，其身旁通常有判官鬼卒的紮作像，在活動中被開光安奉後，負責鎮懾孤魂，維持祂們在壇場的秩序。至於需要被祭祀的孤魂往往也會被另外供奉，祂們可能以紮作的牌位，或在一張紙條上寫上該孤魂類別名稱的形式被展示，再通過開光的儀式成為可被祭祀的對象，並安排相關的祭祀儀式來超度，尤其水上人的社區往往也包括了祭祀水中幽魂的元素。另外，有些社群的盂蘭勝會亦包括了善信附薦先靈祖先的儀式，並預留空間作為附薦棚，用以安奉附薦的牌位，每個神位和祖先附薦牌位前都備有香爐，供善信前來上香，善信們也會準備不同種類的食物或衣包等來祭拜。

啟壇儀式邀請神明到臨，而「揚旛」的儀式則用來引領孤魂接受施食超度，同時公告這個功德勝會的舉行。「旛」是用來招孤魂的紮作品，是一枝頂部掛有燈籠的竹篙，旛下有一個亭狀的臨時神明崗位。喃嘸先生在揚旛過程中，燃點火筆為旛竿開光後，便成為了引領幽魂前來勝會壇場接受超度的標誌，值理會也會在盂蘭勝會期間，定時準備寶帛祭品到各旛竿祭拜，直到祭幽施食儀式便需送走旛神，不再招引新的孤魂，待祭幽完成也代表當屆的盂蘭勝會活動已圓滿結束。

在盂蘭勝會中，有些地方會張貼榜文，公告社區成員有關活動的目的和安排，並以「金榜題名」形式，讓神明知悉修成是次善事、福蔭參與的善信。無論榜文是否以實體形式展示，或是榜文僅以記錄善信支持的情況而略去了儀式文書的內容，但喃嘸先生均以宣讀疏文的形式，讓儀式的目的得以延續。

地方社會對社區內的神聖空間，以及孤魂所在的地方也有其理解。是以在活動過程中，喃嘸先生必須與地方盂蘭勝會的值理會緊密聯繫，包括決定哪些地方上原有的神明，例如廟宇、神龕或地方認知的土地需要被朝禮，或者哪些在社會上被認為與死亡連繫和不潔的地方需要以儀式處理。另一方面，喃嘸先生包括醮師也通過樂器拍和，配合喃唱，當中科儀、音樂、法師儀式動作，以及法器和器物的使用緊密連繫，過程中靈活地適應地方社會的界線，並通過儀式來滿足社區的需求，協助地方社會開始新的一個周期。

圖中央可見旛竿。（香港仔華富邨華昌樓，2007）

盂蘭勝會金榜題名和幽榜。（上水孝思堂盂蘭勝會，2007）

行朝儀式。(青衣擔杆山街坊盂蘭勝會，2010)

第三節　當代盂蘭勝會的活動日期和規模

面對不同社區的盂蘭勝會，喃嘸先生的承壇安排因應社區參與程度、經濟能力而有所不同。盂蘭勝會的籌辦單位——值理會，在儀式開始前數個月已確定場地的使用安排，並同時與喃嘸先生緊密聯繫，商定儀式場地範圍，同時向社區成員宣傳及籌募經費。在活動進行前夕，更須準備各種供品、祭品、回饋善信的福品，以及佈置場地。而在儀式進行期間，仍繼續接受善信的贊助，全程協助善信拜祭和配合喃嘸先生的儀式安排等。

儘管農曆七月十四日往往被民眾視為盂蘭勝會正日，然而不少盂蘭勝會的主辦單位都傾向於農曆七月上旬，或固定地於某天舉行，冀能成為常規，有助吸引善信的支持。而活動日期，除了以農曆編訂外，從 2000 年代，尤其在住宅區內舉辦的盂蘭勝會可見，於農曆七月十四日前的周末或周日舉辦活動已日益成為習

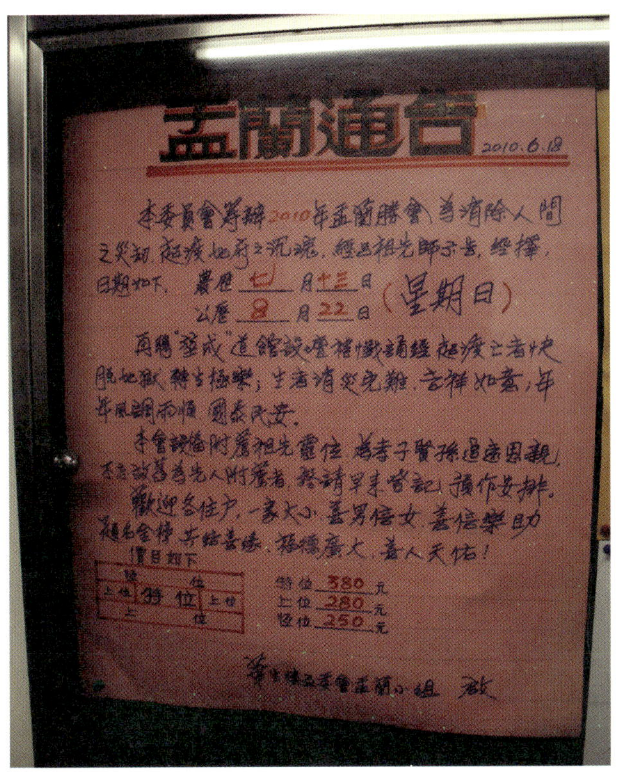

盂蘭勝會通告，誠聘「道館」（喃嘸先生）主持儀式。（香港仔華富邨華生樓，2010）

慣。單一住宅的社區更希望活動能於假日舉行，那便能吸引更多居民善信的支持，變相亦會有更多人手參與活動的籌備工作，讓傳統得以延續，例如在華富邨的華昌樓、華泰樓等，都在農曆七月十四日前的周日舉行盂蘭勝會。可是，基於地方主辦單位的傳統，以及協調儀式專家日期甚或神功戲戲班的檔期，有些由喃嘸先生承壇的盂蘭勝會也會在農曆七月下旬舉行，例如 1955 年的赤柱盂蘭勝會便於農曆七月二十日舉行：

> 盂蘭節雖已過去，但仍有繼續舉行醮會超幽⋯⋯赤柱居民，明日起舉行盂蘭超幽醮會，水陸各家，張燈慶祝。由該區街坊會領導主辦，是日□眾向天后廟進香，並□天后神座巡遊市面，每年如是例行，相當熱鬧，附近鄉落或市區居民，亦多往參觀。[7]

7 〈赤柱水陸居民明建盂蘭醮〉，《華僑日報》，1955 年 9 月 5 日。

除了於農曆七月期間不同日子舉行，盂蘭勝會儀式活動的日期和規模也各異。儘管整個農曆七月均可以舉行盂蘭勝會，並予人在晚上進行超幽並完結儀式的印象。就日數和規模而言，於 1970 年代不少盂蘭勝會皆是一連三天舉行，而祭幽則以三寶規格，即由三名法師擔當主科超幽施食，整個儀式活動的經師人數也較多，更顯示出社區的投入。若配合當時盂蘭勝會的紮作品和戲曲娛樂活動，善信或以競投福物的方式來捐獻經費以示支持，這樣更能增添活動的熱鬧氣氛。然而在當代都市社會，整個活動往往只歷時一天或半天，而半天的儀式活動也大多只於日間舉行。

一、一連數日的儀式

以旺角街坊盂蘭勝會為例，在 1970 年代至 2014 年停辦為止，一直舉行數日的儀式，並得到街坊商販寶號的支持。1970 年代的盂蘭勝會儀式活動由凌燦道院主持，為期三日四夜，最後一晚的祭幽沿用三寶的規格。

至 1980 年代法事儀式交由唐啟明先生主理，勝會仍維持三日四夜，日期則主要於農曆七月十九日至廿二日舉行。首天早上九時開壇，整天日間儀式至下午四時，包括開壇、行晚朝、豎旛、開光大士，下午七時至晚上十一時則是誦經的儀式；第二

祭幽儀式。（旺角街坊盂蘭勝會，2010）

天是行朝三次，以及早晚均有誦經儀式；第三天則行朝三次，以及早上誦經，晚上是水幽儀式；最後一日行朝三次，並在晚朝豎旛，早上開榜，晚上祭大幽。然而此時祭幽已開始改為單寶的規格了，而盂蘭勝會值理會成員也日漸年邁。至 1993 年勝會則改為兩天，日期改定於農曆七月廿一日至廿二日。在廿一日早上九時開壇、行朝、豎旛、開光大士、誦經至下午四時，晚上由七時至十一時則為祭水幽；廿二日早上行朝、開榜，晚上送旛和祭大幽。在祭大幽期間，喃嘸先生也會示意值理會可以恭送大士，值理會成員便會抬起大士，在鬧市區域中環繞旺角街市的範圍巡遊，祈求去除該範圍的污染，最後返回壇場附近的一處較空曠的位置，等待祭幽儀式完成，並化奉大士。

二、一日的儀式

在當代，於一天內完成的盂蘭勝會，當中包括日夜皆有儀式或只有一晝或一宵的盂蘭勝會。然而到了 2000 年代，一些經過主辦單位協調後，改在中午時段才開始的整天活動，例如華富邨華昌樓的盂蘭勝會，在近二十多年都是在中午開始，至晚上約十一時結束。而關於華富邨華昌樓盂蘭勝會活動，則早於 1982 年便有記載：

> 華富邨華昌樓坊眾於農曆七月盂蘭節倡議設壇打齋，超度遊魂，經該樓之互助委員全力協助及支持之下，已於該月順利完成。現已經將全部賬目計好，所餘項共一千三百肆十元九角正，悉數以華昌樓坊眾名換轉贈與華僑日報救童助學運動，此誠一舉兩善，可稱美德云。[8]

盂蘭勝會的壇場位於大廈天井平台樓層。在開壇前一天的晚上，承壇的喃嘸先生已在平台樓層通道其中一個有蓋空間的儀式經壇位置佈置壇場，在裏面深處掛起了三清畫像和旛蔭。由於場地狹窄空間所限，不足以將五張卷軸畫像並排懸掛，故將龍虎卷軸神像分立在三清前方的兩側，並成為了五人誦經儀式中兩位喃嘸先生誦經的位置，至於該空間最前方位置則放置了供品枱，還有開壇儀式使用的紮作功曹馬。位於天井面向經壇的位置，互委會擺放了大型的香爐、三隻燒豬、果餅塔和寶帛等供品。而天井中央並面向經壇的位置，則安奉了紮作的大士、判官鬼卒、金橋

8　〈華富邨華昌樓盂蘭勝會〉，《華僑日報》，1982 年 10 月 19 日。

街坊善信駐足觀看三寶規格的祭幽儀式。(香港仔華富邨華昌樓，2009)

銀橋，以及過百包的祭幽衣包。經壇旁的空間則闢作附薦壇，並設有神枱和香爐供善信拜祭。在天井的一角，主辦活動的互委會特別鋪設了兩行共十六份寶帛，並配上香爐、食物供品和筷子，用以向「水鬼」施食。

在下午一時開始的開壇儀式，五位喃嘸先生和一位醮師（合稱五眾一醮），準備灑淨的符水和發奏功曹馬後，便隨互委會成員到大樓頂層，然後下行到每層樓梯朝拜各層土地，並沿途灑淨。行朝期間，也有居民特意開門，邀請喃嘸先生入室，為住宅內的祖先和神龕灑淨。

直到平台的樓層，到達互委會門外即該樓宇的主要出入口，並在旛竿所在位置，主科法師先替旛竿火筆開光和朝拜，繼而移步到旁邊的金榜題名開光。華昌樓的金榜題名，主要是在白板上寫上了本樓捐款、本樓附薦、外界附薦和嘉賓贊助的紀錄。龍虎

喃嘸先生在樓宇平台各出入口灑淨。（香港仔華富邨華泰樓，2007）

功曹張貼在榜頭及榜尾，而中央上方金榜題名的木牌匾則簪花掛紅。互委會的內外皆有神位，供奉觀音和土地。會址內除了觀音的座宮，還供奉了大士的微型紥作觀音像。喃嘸先生進內朝拜觀音時，會示意值理會主席將微型紥作觀音像請出，並連同寶帛火化。而在當年的祭大幽後，則會將當屆大士的微型紥作觀音像請到會址，代表開始新一年的保護。最後返回平台天井位置，喃嘸先生為大士和附薦牌位開光，完成了整個歷時約三小時的豎旛安大士行朝的儀式。稍作休息後，喃嘸先生開始誦經儀式，完成後才進行晚膳，及後開始準備晚間的破地獄和祭幽儀式。

晚上約七時許，不少希望附薦先靈而參與破地獄儀式的居民善信，已將附薦牌位搬出並按值理會指示將牌位位置排好。也許參與者主要是同座大廈的街坊，鄰里的互信也讓居民善信安心留守壇場內等候，而是待至八時儀式開始，聽到鑼鼓響聲時才徐

過橋儀式。（香港仔華富邨華景樓，2010）

徐下樓參與儀式。破地獄的儀式合共五眾兩醮，獄盆的代表各方的瓦片和中央小型油鑊已佈置妥當。主科喃嘸先生擊破各方瓦片後，鑼鼓音樂亦不間斷，直至主科喃嘸先生準備就緒，將已列位等候的牌位，以三、四個為一組手持，舞動着並躍過獄盆的火焰後，才將牌位交回予善信。其他喃嘸先生則同時為金橋和銀橋開光，引導善信們手持附薦牌位拾級經過橋上每個台階，並以柚葉灑淨牌位，讓先靈能獲得拯拔和潔淨。

華富邨這種「井字型公屋」的空間設計，令到住客能於各樓層靠在天井的圍欄俯視觀賞儀式。完成儀式後，喃嘸先生返回經壇位置準備祭幽儀式。2000 年代，華昌樓的祭幽儀式使用三寶規格，共有九眾兩醮共十一位喃嘸先生。在祭幽儀式中，啟師後喃嘸先生開始朝拜大士，途中也會特意到居民祭祀水鬼的位置祭拜。不少街坊在祭幽期間，會聚集在經壇的前方，待儀式中段主科法師將花米錢開光後，交給擔任道眾位置的承壇喃嘸先生，將花米錢撒在地上，部分則派發給善信。善信相信獲得銅錢和當年的平安符，會為他們帶來好運。而祭幽完結後，眾喃嘸先生則到平台中央送走大士，也示意值理會代表迎請微型紮作觀音像返回會址，其他善信工作人員也將紮作大士、牌位等，以及旛竿、衣包等送到值理會在大廈外空地上租用的臨時化寶爐中火化。

三、一宵的儀式

於 1990 年代入伙的葵盛邨盛興樓的一宵盂蘭勝會，由其互助委員會主辦，從儀式的安排及當中的調整，反映出居民對解決其身處社區的死亡污染，以及祈求神明福庇的意向。盂蘭勝會壇場位於大廈平台樓層的有蓋通道空間，壇場外的位置簡單地貼上了「合境平安」的紙張。由於位置狹長而且空間較小，因此在較遠處的位置，於開壇前已放置好祭幽用的單寶蓮花座，並掛上了簡單的旛蔭以造成另一重空間，前方一邊靠牆的位置掛了三清畫像，並於畫像前設立了數張摺枱及擺放了花束果餅等供品，並成為了經壇的空間，而再前方面向大廈的出入位置，則放置了較大的香爐供善信上香及奉上燒豬等供品，還有平安符供居民善信拿取。而另一邊牆通往旁邊更為狹長的空間，則在盂蘭勝會被用作附薦壇，擺放附薦牌位。在壇場前方旁邊，迎向露天簷篷位置，則擺放了大士、判官鬼卒、破獄神、寶旛、小型佛船和九個官箱。然而，基於場地、規模等考量，這個盂蘭勝會中的紮作大士僅高兩米多和闊約一米，相對其他盂蘭勝會的紮作大士較小型。露天位置連繫大廈的主要通道，而靠近斜坡圍欄的位置則安放了盂蘭勝會的旛竿。

在下午約五時七眾一醮喃嘸先生開始開壇儀式，並準備行朝灑淨的符水。儘管空間較小，約二十位值理會成員和居民善信，在開始儀式便持香靜站在喃嘸先生身後參與為時約半小時的儀式，儀式完成後眾善信上香，部分則準備參與行朝儀式。行朝儀式由數名值理會成員在前面鳴鑼響道、沿途潑灑符水、搖動寶旛、撒茶葉和米，並在每個「土地」的位置按喃嘸先生指示化奉寶帛。前往通往居民乘搭交通工具的葵盛圍道路，並往不遠處連繫大窩口和大窩口道南遊樂場的樓梯處朝禮場所的兩個以金屬罐造成的臨時土地上香，然後經邨內通道返回盛興樓前後門、樓梯、小型公園休憩設施、大廈與斜坡中間的通道，互助委員會也會朝禮當地土地。至於互委會會址門外則貼出告示，鳴謝盂蘭勝會善信，及列出贊助款項和各種供品及籌得款項數目，另外也會列出儀式中使用香燭祭品的支出項目及籌得款項餘額的安排。最後行朝隊伍返回壇場的位置，喃嘸先生以火筆為旛竿、紮作大士及附薦牌位開光，歷時約半小時。

約七時半，六位喃嘸先生在蓮花單寶壇枱的兩邊誦經。誦畢後約八時開始破地獄儀式。儀式在壇場對開的露天位置，接連大廈和主要出入口樓梯的地方舉行，不少街坊都在有蓋通道駐足觀看。喃嘸先生設置好獄盆，包括代表各方位的瓦片和小型油鑊，並在儀式開始時，提示值理會成員手持紮作破獄神、寶旛，以及主要為歷年身亡和各門歷代祖先的牌位參與儀式。主科法師打破各方瓦片後，便邀請值理會成員到旁邊稍候，然後由一位喃嘸先生接過寶旛，並圍繞獄盆舞動寶旛，而原來的主科法師則舞動串上了大疊金銀紙錢、點燃的劍進行破地獄儀式。完成了這步驟

在屋邨內的休憩處搭建盂蘭勝會壇場。（黃大仙竹園南邨富、貴、榮園樓互助委員會盂蘭勝會，2012）

後，主科法師接過牌位，躍過火盆並製造出火焰，象徵亡靈被救出，並將牌位交回值理會成員，送返附薦壇。

稍作休息後，七眾一醮喃嘸先生回到蓮花單寶的壇開始散花儀式。壇內的桌上有一整盤花朵和銅錢，並在儀式中被開光。在儀式尾聲，喃嘸先生將花米錢撒在地上，善信執起後拿到旁邊的櫈子上挑取銅錢。而在儀式期間及至完結後，都會有街坊善信將他們的個人飾物，例如金器、玉器等放在花朵上讓法師以硃砂和火筆開光，然後取回，期望物品會為他們帶來好運。約九時半開始的祭大幽儀式，約於十時十五分完結，值理會隨即拆下旛竿，將紙紮品送往大廈旁休憩公園的一個臨時化寶爐火化，主薦的牌位則被放置在佛船上，隨着寶旛送到化寶爐火化。喃嘸先生也在此時謝師並收拾法器用具。

四、一個白天的儀式

儘管不少盂蘭勝會儀式活動，尤其是祭幽儀式，都會於晚間進行，可是有些主辦盂蘭勝會的居民還是屬意在日間舉行，以讓邨中長者善信可以提早休息，從而亦減少儀式活動的聲浪及燃燒

寶達邨居民協會舉辦盂蘭勝會。（秀茂坪寶達邨，2012）

衣紙紮作對居民的影響，故有盂蘭勝會亦會安排於日間進行。例如在 2000 年代入伙的寶達邨，其居民協會於 2010 年代舉辦的盂蘭勝會，所有儀式均於日間舉行，於中午十二時開始，並於下午五時結束。

盂蘭勝會的壇場於達信樓下羅馬廣場的空地，包括部分有蓋的位置被用作誦經的壇場。在活動開始前，喃嘸先生掛上了簡單的三清掛軸神像和旛蔭佈置，祭幽儀式用的單寶蓮花法座亦已鋪設就緒。壇場中央靠出的位置由主辦方以數張枱面組合為善信拜祭上香的位置，並放置了香爐，以及糕點、食物、寶帛等祭品。香爐旁邊架起了三個臨時帳篷，擺放居民善信附薦牌位的附薦台，不遠處有另外兩個臨時帳篷，供善信街坊，主要為女性長者摺疊燒衣用的金銀紙錢。另一方向約十多米外靠近邨內汽車出入口馬路旁的位置，喃嘸先生則示意在該處安置紮作鬼王大士、判官鬼卒、還有旛竿。

喃嘸先生主要由五眾一醮執行儀式，與另一位主要處理壇務安排的喃嘸先生組成團隊承壇活動。於中午約十二時許，喃嘸先生開始敲響鑼鼓，並穿上袍服開始啟壇儀式，發奏功曹馬以及誦經。稍作休息後，喃嘸先生準備好供主辦方用來灑淨的符水，便在他們鳴鑼響道後，醮師也吹響笛子，一同圍繞整條邨灑淨當區以及拜祭當地居民認可的神明，並首先開光旛竿。隊伍途經之處，包括邨內的主要路口、商場主要出入口、每座樓宇出入口，以及平台樓層通往停車場通道和屋邨對外的天橋通道，喃嘸先生都會停下，在居民以紙碟鋪上冬瓜並插上香燭的臨時土地神位前朝禮，主科法師以火筆開光，眾和朝神的經文，然後示意居民焚化一份寶帛。約一小時後隊伍回到壇場位置，然後喃嘸先生為鬼王大士、判官鬼卒以及牌位開光，完成行朝的儀式。

行朝過後喃嘸先生在大士對開空地的位置擺設破地獄壇場的獄盆。儀式開始後，主科法師依次擊碎象徵九方地獄的瓦片後，其他喃嘸先生以鑼鼓維持儀式節奏，其中一位則將小型盛有食油燃燒的油鑊設置在獄盆中央，然後主科法師接過善信陸續交給他的牌位。由於牌位體積較小，高約一尺多，因此主科法師每次雙手可持多達四個，並在躍過獄盆時噴出口中的清水，製造火焰噴出的效果並象徵先靈得到薦拔，而居民則接過牌位安放回附薦台。然後是祭幽的儀式，主科法師登上蓮花法座，其間主科法師開光花米錢後，再交給同壇的侍經轉交予主辦單位代表，並提示他們可將銅錢收起。在施食後，主科法師示意居民協會代表同步到大士上香。儀式完成後，喃嘸先生一同收拾壇場法器用具，至於居民們則合力收集好大士、旛竿、判官鬼卒和牌位後再行火化，並收拾枱椅，拆除臨時的帳篷和作簡單的清理，於下午五時前還原場地，並結束當屆的盂蘭勝會。

五、與全真派儀式專家同場的儀式活動

喃嘸先生參與盂蘭勝會的儀式活動，往往受組織者及其社區變遷的影響。從西灣河坊眾盂蘭勝會可見，活動的日期、長度以及儀式專家及其參與的活動安排亦有更改，當中除了規模的縮減外，與其他派別的儀式專家於同一個盂蘭勝會執行的儀式亦成為了活動安排的主要部分。從 1979 年西灣河坊眾盂蘭勝會的

記載可見此乃為期三天的活動，並強調有散花和三寶規格的超幽儀式：

西灣河坊眾盂蘭勝會昨（十六）日下午五時，由筲箕灣市政局遊樂場舉行隆重剪綵啟壇儀式。由首總理陳棠迎神……繼由會長溫興主持剪綵儀式。陸慶道院全體道侶主持，啟壇誦經。二十七晚放仙花。二十八晚完隆，大放蓮花三寶……連日前往祭祀先靈及欣賞粵劇者，異常擁擠。該會競投勝意福物，情況熱鬧。[9]

至於 1982 年西灣河坊眾盂蘭勝會的活動則為四天：

西灣河坊眾盂蘭勝會，由農曆七月廿五至廿八日，一連四天，假筲箕灣工廠街遊樂場舉行建醮水陸超幽法會。聘四邑鄺趙道院主持法事，誦經禮懺，並聘梨聲劇團演戲助興。昨（十二）下午四時，由首總理梁炳安隨同道院法師，聯赴環繞區內街道，遍整十四枝幡竿場地，誦經祭祀，普渡孤魂的……廿八晚功德法事完隆，廿九晚假座歡喜酒樓歡宴，並開投勝意福物云。[10]

於 2000 年代中葉，西灣河盂蘭勝會的規模縮減，昔日位於鰂魚涌太古宿舍等地的旛竿取消。而先後承壇的高林道院和道教妙嚴宮都包括了全真派的經生和儀式。是以由農曆七月十六至十八日在筲箕灣南安街球場舉行的盂蘭勝會，儘管仍保留三天的

9 〈西灣河坊眾盂蘭會〉，《華僑日報》，1979 年 9 月 18 日。

10 〈西灣河坊眾建醮 四邑鄺趙道院道壇〉，《華僑日報》，1982 年 9 月 14 日。

活動，但喃嘸先生所負責的儀式則縮減至請神、散花、破地獄和送神。

於 2010 年代的西灣河盂蘭勝會，一位喃嘸先生於農曆七月十六日下午二時，到西灣河盂蘭勝會會址請會內供奉的觀音和土地到球場的壇場經壇內三清像前供奉。在十七日晚，五眾兩醮七位喃嘸先生在球場中央的位置佈置壇場，鋪設破地獄散花儀式的誦經壇場和獄盆。另外同壇的經生亦準備沐浴亭和仙橋，供破獄後，善信將代表先靈的附薦牌位帶往沐浴過橋，象徵能從地府獲得薦拔，並獲得潔淨，最終能在整個盂蘭勝會中早登仙界。而過百名的善信，則於晚上七時許，陸續到達會場，取出其附薦的牌位，等待破地獄和過橋的儀式。

散花儀式（西灣河盂蘭勝會，2014）

在散花的儀式中，由五位喃嘸先生參與，主科法師將整碟花米錢開光後再交到同壇另一位道眾手上。他手持花米錢的碟特意走到壇場靠近金榜較空曠的位置，將花米撒在地上供善信撿拾。在喃嘸先生移動的過程中，不少有意執拾的善信也隨之而動，而撒花米錢的位置正在善信排隊等候破地獄儀式的對面，是以並不會對秩序造成影響。

完成散花儀式後，便開始破地獄的儀式。由於儀式場地屬康文署管轄的球場，喃嘸先生特別在獄盆的位置下鋪設了數塊木板，以免儀式進行時產生的高熱和油污等損壞場地。在儀式開始前，象徵獄盆中央設有兩個約一尺直徑，由兩層金屬碟組成，並盛有食油燃燒的油鑊，分別在木板靠近對角的位置，各個油鑊均有沙堆圍繞，沙堆中擺放了畫上象徵鬼頭的鴨蛋，油鑊和木板的外圍則有象徵九方地獄的瓦片。

在主科法師依次擊碎象徵九方地獄瓦片的環節時，值理會代表以及個別的「大主緣」（即主要支持的善信）也會參與其中，跟隨儀式的步伐。完成後喃嘸先生繼續以鑼鼓維持儀式節奏，而主科法師則先手執值理會代表和大主緣手上的牌位躍過油鑊，然後將牌位交回該代表和善信，並示意由全真派經生負責的沐浴和過橋的部分，讓先靈得到薦拔和超昇。西灣河盂蘭勝會特意安排的兩個油鑊，令兩位喃嘸先生執行儀式更為便利。然後眾位已排隊等候的善信，則將他們手上的牌位交到兩位負責的喃嘸先生手中。由於牌位的大小不同，部分較大的牌位長達三尺，闊約一尺，而最小的尺寸則約為大牌位的一半，因此當遇上體積較大的牌位，喃嘸先生只能左右手各執一個，而較小的牌位兩位喃嘸先

破地獄儀式。(西灣河盂蘭勝會,2011)

生則可兩手共執六個。兩位喃嘸先生輪流躍過油鑊,製造火焰噴出的效果,也會在獄盆的犄角位置手持牌位舞動,不少善信都受到喃嘸先生技藝的吸引而駐足觀看,而參與的善信在等候時亦往往能保持良好秩序。由於參與的善信逾百,更有不少善信手持多個牌位前來參與儀式,是以被帶到儀式中的牌位一般多達數百個,隨着所有參與善信的牌位儀式完成,整個長達約一小時的儀式也告結束。

在農曆七月十八日即勝會的最後一日,隨着下午全真的經壇結懺,經壇改為佈置成晚上全真三清幽科的壇場,一位喃嘸先生便負責陪同值理會成員將觀音和土地送返會址,並於抵達後酬謝神明,及着值理會成員化奉寶帛,以完成送神的儀式。

六、與釋家廣東佛事的輪流組合

於 1962 年,已有記載大澳的盂蘭勝會。[11] 而在大澳水陸居民

11 〈盂蘭節氣息隱約可聞〉,《華僑日報》,1962 年 8 月 1 日。

盂蘭勝會中，喃嘸先生的參與是與其他儀式專家輪任的。每年大澳社區的盂蘭勝會壇場均設於太平街，由喃嘸先生負責開壇發奏、行朝和祭水幽儀式。而入夜的祭幽儀式，喃嘸先生則是隔年負責，另一年則邀請寶蓮寺的法師執行單寶廣東焰口。如該年由釋家負責晚上的超幽，喃嘸先生便會在日間儀式完結後謝師，然後收拾三清神像法器用具。

盂蘭會成員於早上到大嶼山羌山道近深屈道舉行路祭，於曾發生嚴重車禍的肇事地點祭祀遇難者，另外也會到大澳新村天后廟請觀音到壇。喃嘸先生會在上午佈置壇場，掛起三清卷軸神像。至於大士則基於其體積，曾設於經壇旁，或是太平街街口的位置，而盂蘭勝會的金榜，是盂蘭勝會的捐助紀錄。

五眾一醮的喃嘸團隊約於中午十二時啟壇，主科法師亦會開光福米讓盂蘭會成員派發給居民善信。午膳後，喃嘸先生行朝，豎旛安大士，開光「海陸空受災亡魂靈位」，並會乘坐盂蘭會準備並已安奉好較小型紮作大士在船頭的船隻，在大澳的各涌超幽，沿途值理會成員在水道化衣，而船隻到達主要的渡頭及所處的旛竿，喃嘸先生都會上岸開光旛竿，然後繼續化衣，並在街市區域的廟宇朝神。晚膳後，喃嘸先生開始祭幽的儀式，晚上約十時多儀式完結，居民則將大士、紮作品、旛竿、榜文、靈位和衣紙等移到龍田村和大澳路三號遊樂場附近的地方火化。

第四節　小結

在當代香港社會，農曆七月期間，我們還是可以看到社區由正一派喃嘸先生承壇舉辦的盂蘭勝會。儘管不少盂蘭勝會希望在農曆七月十四前舉行，但也看到不單在都市社區，還有在灣頭灣尾的盂蘭勝會都傾向把活動安排在周末或假日，希望讓成員能在公餘時間前來參與。由此可見，儀式離不開都市人生活模式的影響。

而在都市社區，要持續地得到居民善信支持舉辦大規模的盂蘭勝會並不容易。如旺角街坊盂蘭勝會，除了日數上的縮減，也在規模上由祭幽儀式採用三寶，即參與喃嘸先生較多，變成單寶。至於祭幽儀式仍採用三寶規格的，則有愛民邨敦民樓、竹園北邨等，但這些盂蘭勝會都只舉行一天活動。

盂蘭勝會人神共樂，當中娛樂的元素日益消減，而目標更集中於超度當區的亡靈，以及居民善信的祖先。當中有提供附薦的盂蘭勝會，參與者往往會透過活動祭祀先人，維繫祖先與現世家庭成員的關係。而設有附薦並有安排破地獄儀式的盂蘭勝會，喃嘸先生在破獄儀式中展示的技巧，也確實成為了吸引善信參與的重要元素。以西灣河盂蘭勝會為例，三天的儀式中，全真道教的破地獄在首天舉行，但次天由喃嘸先生執行破地獄的儀式則吸引到最多的善信參與。

居民街坊在盂蘭勝會附薦祖先，普遍較受落破地獄儀式，並積極參與。不少善信於盂蘭勝會期間，或擔心錯過機會，都會特意詢問主辦方破地獄的時間，以便安排拜祭和參與。不少在儀式開始前，已手持附薦先靈的牌位一邊排隊等候，一邊觀賞喃嘸先生奏響傳統儀式音樂。在儀式開始後，音樂與行儀也緊密配合。

在儀式進行期間，也常見街坊善信為喃嘸先生舞動牌位、躍過獄盆製造火焰效果的技巧發出讚歎，熱烈的氣氛讓喃嘸先生於音樂拍和中對儀式的執行更為投入，更富動感，也讓居民能夠自然地參與其中，期盼先靈在儀式中受度，並在過程中繼續讓功德善舉延續，既能施予孤魂，也為附薦者帶來福庇。然而儀式的過程及元素組成也正是儀式專家與值理會協商的結果，例如旺角街坊和大澳水陸居民的盂蘭勝會便仍然維持「清壇」的盂蘭勝會，不設破地獄儀式。另外長洲水陸居民以及愛民邨敦民樓的盂蘭勝會，仍有過關的儀式，還有黃大仙竹園南邨富、貴、榮園樓互助委員會盂蘭勝會則有禮斗的儀式，可見儀式與各處地方社會需求的關係。

儘管揚旛掛榜為盂蘭勝會的主要儀式組成部分，但不同地方的盂蘭勝會礙於場地空間或個別安排等各項因素，「金榜題名」便以不同的形式呈現。如旺角街坊的盂蘭勝會仍有完整的榜文，但也有不少是值理會將捐款紀錄作為「金榜題名」，至於這種捐款紀錄格式的「金榜題名」會否在榜首榜尾的位置配上功曹神像畫，則視乎主辦單位與承壇喃嘸先生協商結果而定。至於對應儀式的榜文，包括盂蘭勝會的意義，儀式邀請的仙聖等內容，則由喃嘸先生於疏文中交待。而以「寒林施食所」為題，給予孤魂閱讀的幽榜，在近年市區的盂蘭勝會也較為少見。於 2000 年代，曾於上水孝思亭舉行的盂蘭勝會便有張貼出幽榜。

由於不同社區對幽魂的來源和處理各異，因此在儀式中亦有不同形式的呈現。在屋邨社區，基於其建築物的結構、日常生活出行的安排，以及遇上社區中包括自殺等意外的身故，值理會成員也往往會先着重在天井等肇事位置灑淨，期望幽魂不會再侵擾社區。而於 2009 年盛興樓盂蘭勝會，值理會也與喃嘸先生協議，安排主科法師在行朝期間吹響招魂儀式使用的號角，藉以召喚當年遇事身故的先靈接受超度。有些社區的盂蘭勝會因社區成員也有來自水上人族群，或是與水上族群關係密切，例如旺角街坊盂蘭勝會，不少善信商戶的業務便與水路貿易或者水上人有關聯，是以也有祭水幽儀式；而在大澳則更安排了船隻讓喃嘸先生在社區內的各涌沿途超幽化衣；及至在華昌樓，喃嘸先生也配合值理會，在祭幽儀式中特別為水中幽魂準備祭品。

喃嘸先生按照其師承科儀傳統，在活動中通過各項儀式，界定儀式所服務的社區界線，這也讓成員在儀式過程中得以建立身份認同，以及地方的歸屬感。不論是按屋邨的環境，在大廈地面出入口附近的位置或天井的平台層；或是商住混合的社區的路旁空地，喃嘸先生均靈活地運用其知識來搭建臨時壇場，當中涉及法器、神像選用和選址，也許和固定的壇場有所不同，但當中的三清、鎮守壇場的龍虎二將以及相關的旛幢，這些壇飾配置以及紮作品在各個儀式的運用，還有儀式當中的音樂拍和，都須配合活動主題，既協助社區超度幽魂，潔淨社區，同時讓神明福蔭各參與的善長，以達到陰陽兩利，並隨着祭幽儀式，普施孤魂、化奉大士，最後結束整個盂蘭勝會，為社區迎來新的開始。

恭祝觀音寶誕
祝觀音寶誕

第五章

祈福儀式

馬健行

第一節　昔日的祈福儀式

人們在面對生命的不同階段，以及日常生活中的風險時，往往希望可以趨吉避凶。而在小孩成長歷程中，長輩亦會希望仗仰神明的庇佑，例如與神明上契，讓他們可以度過有風險的階段，並在過程中尋找儀式專家，定期通過祈福儀式向相關神明反覆祈求，以保佑家庭成員能平安成長，順利邁向成年，繼而踏入婚姻階段，開始面對新的社會關係和責任。民眾都希望通過儀式祈求神明保佑順利過渡至人生新階段，而在這個過程中，儀式的執行則進一步促進他們在生活中應用傳統的倫理價值。

此外，家中的祖先成員儘管已經離世，但在世的家人從民間邀請喃嘸先生進行儀式並讓祂們的需要得以滿足，當中的祈福儀式也呈現了現世的家庭成員與亡者的關係。就社區的層面而言，無論是都市或灣頭灣尾的社區，都有延請喃嘸先生定期為所屬社區祈福的傳統，而這些儀式都是屬於「清壇」的祈福科儀。不論是禮斗，還是更大規模的建醮，均希望整個社區的成員都能得到神明的庇蔭，並為新的周期帶來良好的開始。

在香港，邀請喃嘸先生執行祈福儀式，已有很長久的歷史。早於 1881 年，已有報道明確指出在都市社區中，善信邀請喃嘸先生到宅進行禮斗祈福的儀式：

婦人王氏居於威靈頓街第四十六號門牌之屋，因延請道流到屋禳星禮斗，鎮鼓喧闐終夜不輟，致鄰近莫能安寢，控之於案官判罰銀二圓。[1]

禮斗的儀式，是通過對掌管人間禍福的星斗及所屬神明的祭拜，令民眾得到福庇。而進行儀式的場景，除了在喃嘸先生的道院，也不乏喃嘸先生到宅執行儀式，若善信為水上人，儀式則多於艇上舉行。在 1930 年代，仍有零星記載指喃嘸先生在香港島以提供儀式活動維生，當時的華民政務司亦實施對華人宗教團體，包括道院的規管。[2] 是以在都市社區不少主要的沿海灣頭灣尾的社區，如鴨脷洲、油蔴地等，昔日亦有正一道院提供相關的儀式服務。而在水上社群聚居或從事商業活動的社區，於農曆三月廿三日的天后誕便有大量善信邀請喃嘸先生禮斗祈福。尤其在 1980 年代油蔴地貨運業興旺，喃嘸先生從清早開始，便不停遊走於停泊在避風塘不同作業類型的船隻（如「罟仔」漁船、躉船、貨船）上為善信進行禮斗祈福，一直到接近傍晚時分才結束。而在地方社區上的廟宇，也會通過邀請喃嘸先生為其善信主持禮斗祈福。不少社區均於神誕前或當天酬恩建醮，整個活動的儀式中也包括禮斗。而從 1980 年代悅龍聖苑邀請喃嘸先生主持禮斗祈福的例子可見，儀式活動並不限於神明的誕辰，而是按廟宇的儀

1 〈禱禳罹罰〉，《循環日報》，1881 年 8 月 4 日。

2 〈喃巫佬大發神經〉，《香港華字日報》，1931 年 4 月 4 日；〈華民署派員嚴查私設廟宇及道館〉，《天光報》，1935 年 10 月 21 日。

式周期安排。而歲晚安排的儀式則標誌着一年將盡，希望以儀式酬謝神恩並迎來新的一年。

> 坪洲悦龍聖苑歲晚酬神贊星禮斗……偕同門乾坤善信參拜。祈求風調雨順，國泰民安，並聘黃文道長堵偕同道侶黃樵、黃陞、何志主持誦經禮斗祝福，設齋筵聯歡。[3]

第二節　家庭的祈福儀式

善信延請喃嘸先生執行祈福儀式，喃嘸先生也希望了解善信祈福的目的，以便安排相關儀式。都市社區，尤其是不少水上人社群家庭也會恆常地邀請喃嘸先生為他們主持安神的儀式，祈求神明和祖先的福庇。另外，還有主持禮斗祈福，藉着禮拜星斗祈求增福延壽。這雖然是一個獨立的儀式，但往往會結合一系列的祈福儀式，故成為一整套祈福活動的統稱。然而在不同的儀式脈絡和場景中，禮斗儀式也可以只是祈福活動的其中一個儀式環節，例如是對應結婚的脱褐儀式，雖然往往會包括禮斗，但不論是祈福的善信或喃嘸先生，都意識到儀式活動的主旨在於脱褐，脱褐是整個祈福儀式的核心，並不能任意被其他祈福儀式替代。

一、禮斗

一般而言，禮斗儀式由四位喃嘸先生負責，是三眾一醮的組合，若有隆重其事者，或會邀請五眾一醮或五眾兩醮，即六

3　〈坪洲悦龍聖苑歲晚酬神禮斗〉，《華僑日報》，1988 年 1 月 8 日。

或七名。在供奉神明的誕辰及歲晚，均象徵新一年的周期，是以這些時間也是不少水上人的家庭定期邀請喃嘸先生禮斗的時刻。而生活上的其他事項，包括男丁出生、遷居、業務發展、新船下水等，又或是神像翻新、安奉新的神明等，善信也會安排禮斗儀式，祈求得到好的開始。不少水上社群如居於油蔴地、香港仔、筲箕灣、長洲、青衣、西貢等社區的家庭，部分或許已遷居岸上，但仍會維持在周期的時刻，或因應生活上特別的情況，邀請喃嘸先生替他們執行禮斗祈福。這些個人和家庭主導的儀式，一般都在善信家中進行，如已上岸或家居空間未能配合，往往會與喃嘸先生協商在他們的道院內進行儀式，也有少數會安排在廟宇進行。

喃嘸先生承壇禮斗的儀式，基本包括啟壇、解洗、還經、禮斗、還神等環節，整個活動一般需時約兩小時。善信和喃嘸先生都需要準備相關的用具。除了日常的法器用具，喃嘸先生也會準備斗姥神像、北斗九皇的神牌等法器用具，還有安排啟壇儀式用的紮作功曹馬，以及禮斗儀式時迎請北斗九皇所需的九個紮作官箱。官箱是一個由顏色紙包裹的箱形紙紮品，在禮斗儀式時用來獻給神明，還有代表祈福儀式的紮作寶珠。儀式中的善信則會準備米斗桶（主要是木桶，內有米、剪刀、鏡尺、油燈等，也有些會添加算盤、秤、扁柏等不同的物品），燃點斗燈的油燈碟。至於百解、還經用的觀音紙、元寶等也有不少善信會自行準備。

以 2007 年的一舍禮斗儀式為例，便借用了廟宇作禮斗儀式的場地。三眾一醮的喃嘸先生首先開始啟壇儀式，其間主科法師以符水灑淨和以火筆硃砂開光善信的福物。在開壇儀式完成後，

在船上設壇，恭讀善信芳名酬謝神恩。（銅鑼灣，三角平安堂天后誕，2010）

將紮作功曹馬連同紙錢寶帛化奉，象徵當天儀式的開始。而在開壇請神後，接着是希望替善信解除厄運的解洗儀式。喃嘸先生示意善信準備一盆水，喃嘸先生並在儀式期間，一邊誦經，一邊將早前要求善信準備的三十六個硬幣放進水盆中，另外示意善信點燃準備好的符紙，並將灰燼留在水盆內。過程中善信會以符紙象徵式地抹在身上和臉上，然後才將之火化，希望藉此將身上的災障帶走。喃嘸先生在儀式誦經的部分完成後，便會替善信從水中將代表「正面」或好的「陽錢」取回交給善信，囑咐要以陽錢來購買香燭供奉神明，並將一份百解和寶帛交到善信手中叮囑他另行火化，然後以倒掉濁水來結束解洗儀式。接着，喃嘸先生便開始還經儀式。在還經的儀式中，善信必須再準備另一盆水，喃嘸先生一邊誦經，一邊示意將觀音紙燃點並將灰燼放在儀式用的水盆中，通過禮誦經文和化奉經文，祈求得到神明的庇蔭，福壽綿長。

接下來是禮斗祈福活動中最主要的禮斗儀式，其間喃嘸先生會禮誦經文，並將善信及其提供的各家庭成員的姓名一一宣讀。

在這個儀式中，音樂拍和對儀式的進行尤其重要，特別是在儀式開始後，需要迎請北斗九皇神明駕臨壇場以庇佑善信，喃嘸先生主要以「小開門」的音樂拍和來恭迎神明，同時示意善信於每邀請一位北斗九皇後，便將該官箱火化。富節奏感的拍和配合較輕快的喃唱腔調，無疑讓善信更為投入參與儀式。而儀式尾聲，主科法師燃點燈杖，並以燈仗來燃點斗燈，象徵帶來光明，並以此感謝神恩，讓善信消災解除各種厄運。

禮斗儀式後，喃嘸先生便開始替善信進行還神儀式。喃嘸先生會按善信所提供的名字，為他們祈福。在讀出善信的名字後，再以問杯的方式來確認神明的保護。喃嘸先生會稍為提問相關善信的性別、年齡、身份，再提出合乎期盼的願望，例如成年人就貴人扶持、祿馬匡扶；小孩則根基長養等。在儀式的過程裏，善信都參與其中，當喃嘸先生為善信求得勝杯，便會示意善信上香和化寶答謝神恩，善信們莫不展現愉悅。當為每個善信完成還神祈福後，儀式便告禮畢，喃嘸先生感謝迎請前來的神明並結束儀式：「尚來朝斗以畢，有勞師駕座鎮斗壇，紀錄善功，提攜末學，指點科儀，今則朝斗已週，虔具寶財化奉，謝師如法。」

在個人和家庭的禮斗儀式中，儀式場景和善信意願與儀式安排是息息相關的。若在新船下水的場合舉行的禮斗儀式，喃嘸先生會向善信了解是否需要進行收邪破禁的儀式，意指將船內的不潔收走。另外，如善信要求執行過關的儀式，喃嘸先生就需要準備一張繡製的「關門」，在儀式期間懸掛起來，準備顏色紙錢製作的運錢，供善信手持着參與儀式。有關過關的儀式則容後在誕斗再述。

二、脫褐

在傳統社會，婚姻標示着成長歷程中一個很重要的階段，成家立室代表長大的重要過渡。而成婚代表除名釋褐，「除名」意思是人們在孩童階段有一個名字，長大時會多一個新的名字。而「釋褐」是脫去舊的衣服，穿上新的衣服，並以成年的大名來稱呼，也就是象徵成年。而邀請喃嘸先生執行「脫褐」儀式，目的是祈求保佑這位準新人能順利過渡到成人階段。脫褐儀式的結構也像禮斗一樣，既是一個單獨的儀式，也可以是個包括不同儀式的祈福活動的統稱。

基於脫褐涉及婚姻的安排，是人生的重大事情，因此善信家庭往往會擇日舉行脫褐和禮斗。日期雖沒有特定的準則，但往往定於婚期前一至三個月左右。另外也有一些家庭，會避免於被視為不吉利或鬼月的農曆七月舉行脫褐儀式，以免對新人帶來影響。如善信只是希望安排單一的脫褐儀式，則只需邀請一位喃嘸先生；若是脫褐和禮斗儀式一併舉行，常見的儀式組合包括開壇、脫褐、還經、禮斗、還神、過關、轉運、祭幽等儀式，而儀式基本的規模最少需要三眾一醮共四位喃嘸先生。

脫褐儀式普遍在善信家中舉行，喃嘸先生會按當天的儀式組合來準備簡要法器。如當天的脫褐儀式包括有禮斗，喃嘸先生便需要如上述的禮斗儀式般來準備儀式用品。昔日不少延請喃嘸先生的水上社群善信，仍然以船為家，是以儀式也會在船上舉行。近數十年來隨着上岸定居的水上社群漸多，儀式也移至他們岸上的居所舉行。在當代香港，準新人在婚前已不與父母同住的並不罕見，他們往往在儀式當天才回到父母家中參與儀式。還有一些家庭，因家居環境等不同原因，未能安排在家中進行儀式，亦會安排於衣紙舖或道院舉行儀式，完成後再將儀式有關的用品帶回家中，並於婚禮中使用。

有關儀式用的物品，當一個家庭邀請喃嘸先生主持脱禤儀式，代表他們將會有一個家庭成員邁向婚姻，可能是娶媳婦或是女兒出嫁。主事的家庭需要為儀式準備相關物品，包括紅傘、紅色的衣褲、新內衣褲、新鞋、利是兩封、銀包、梳、紅頭繩、葉、扁柏（要有子的）和舊衣一件。在脱禤儀式完成後，這些物品會被保留起來。是以儀式雖然需時約兩至三小時，或者一個下午便告完成，然而新人的家庭卻需要在儀式前花費更多的時間準備儀式用品。

脱禤儀式可分為男禤和女禤：男禤是娶媳婦，而女禤就是女兒出嫁。在傳統的父系社會，基於婚姻為夫家帶來新的成員，因此男家對娶媳婦也較為重視，大多會連同禮斗儀式一併安排。至於女家在嫁女時，一般只會安排脱禤儀式。進行脱禤儀式，首先是喃嘸先生把繩繫在主家所準備的紅傘邊緣，再繫上八道符紙。在儀式中，喃嘸先生誦讀經文的同時，會指導準新郎或新娘解開傘上的繩結，並將符紙火化，象徵成長的歷程和厄運的解除。而在儀式中使用的紅傘等物品，會被保存下來，留待日後在婚禮中使用。

脱禤的儀式包含教化的涵義，當中的訓勉通過儀式過程中解開傘上的繩結，並將符紙火化這些行為去表達。當中的人倫價值對準新郎或準新娘都通用，包括脱除小時候的乳名，在婚後成為成年人，故經文有這樣一句：「從此脫除名字去，乘龍跨鳳做大人。」當中也有提醒新人對孝道等價值的傳承，特別是在成家立室後迎接生兒育女的階段，他們更應該以身作則：「不信但看簷前水，點點依然印舊痕。」時刻實踐倫理價值，將孝義言傳身教傳承給下一代：「為人子女須盡孝，做人父母要慈心。」行將娶妻的準新郎，儀式中的經文強調母親從懷胎起的養育過程，希望他們在建立家庭時，仍要謹記孝道和母親的養育之恩；而即將離開娘家嫁入夫家，面對身份的轉換和生活方式的改變，儀式經文內容則強調孝順未來家姑家翁，避免口舌妄語，維持家庭和睦並實踐營造歡欣家庭的期許。

脫褐儀式中，基於涉及整個家庭，也有不少善信同時在脫褐禮斗中安排過關儀式。通過整個家族的成員一同參與，尤其是讓家中小孩接受過關儀式，希望藉此讓他們日後的成長更加順暢，能安然度過成長的不同障礙。另外也有善信在安排脫褐禮斗儀式的組合時，特意安排「遊九州」祈福儀式環節，以照顧已離世的祖先。儀式中喃嘸先生邀請善信家中的祖先，到訪南中國九個不同的地區，讓祖先認識不同地方的風土人情。喃嘸先生需要準備一隻木製的船，將善信家庭的祖先（水上人家供奉的祖先牌位大多為木製的）移請到船上，然後為載着祖先的船開光，然後再配合經文移動船隻，象徵到達不同的地方。

儀式經文對遊九州經過的地方有不同的描述，例如惠州是四時鮮果產量豐足，潮州是四季花開的景致，韶州是生活中常用油的生產地，雷州是重要的通商地點、有大量織品供選購，廉州是聞名釀製不同美酒，尤其當中有關狀元酒的描述，更是回應民間的家庭在兒子出生時釀造、到兒子娶妻時拿出來享用的美酒，瓊州則銷售各地出產名香，德慶州是酒樓宴客之地，接着以廣州，並飽覽羊城八景作結，最後喃嘸先生便引領善信家庭的祖先返回神樓。

婚姻代表為丈夫家庭帶來了新的成員，為延續下一代奠下基礎，在籌備婚禮的脈絡中舉行遊九州儀式，正代表善信希望家中祖先亦能一同參與感受這份喜慶，並期望祖先在家庭成員婚後也會福庇他們。昔日交通並不便利，人們對外界的認識不多，在儀式中每到一處，喃嘸先生相應地説出祝福和吉利的賀詞作開場，並以這種傳統説唱的演繹帶領祖先欣賞美景，觀賞九州的各式物阜，無疑為善信及其祖先與外界的連繫提供了想像空間，從中祖先和善信家屬也獲得娛樂，是一個歡愉的過程。而善信聘請喃嘸先生安排脱褐禮斗，除了遊九州外，也有些善信較為注重對祖先的答謝，他們在脱褐和禮斗的祈福儀式之餘，會再附加奉祀祖先的打齋儀式。這種在喜慶脈絡下的功德，俗稱為「快活齋」，是以祖先在打齋當中得到敬奉施食，也進一步祈求祖先福庇家中的新成員。

第三節　社區的祈福儀式

在香港各地的廟宇神誕日，例如天后誕、洪聖誕、觀音誕等，不少善信也會前往參拜慶賀。有些廟宇的值理會，或是善信所組織的花炮會也會邀請喃嘸先生承壇祈福儀式，主要為神誕前的禮斗祈福。以慶祝供奉神明誕辰為中心而邀請喃嘸先生安排的祈福儀式，尤其活躍於昔日的水上人社區和他們參與的花炮會。

天后誕建醮祈福。（銅鑼灣，2012）

部分仍然擁有船隻的善信群體，也會在船上舉行禮斗，而隨着社會發展部分成員已移居岸上，當中有些覓得會址進行儀式，有些則將神像請到衣紙舖或道院舉行禮斗儀式，然後再行安排賀誕活動。

替善信的土地神像開光。（西營盤，2010）

土地誕的禮斗儀式。（西營盤，2010）

觀音誕的禮斗儀式。（西貢白沙灣，2011）

洪聖誕的禮斗儀式。（滘西，2010）

這些花炮會的組織規模各異，其組成或是基於地緣或業緣的聯繫，他們也不一定每年邀請喃嘸先生禮斗祈福。然而遇上神像要維修髹漆或新造，往往會驅使他們邀請喃嘸先生替神像開光，並安排禮斗儀式，祈求會中各成員將來也受到神明的庇佑。以柴灣一個漁民的花炮會為例，2014 年該會新造天后神像，並準備如期在農曆三月廿三日慶賀天后誕，便請來喃嘸先生於賀誕前農曆三月廿日星期六的早上，在他們的會址禮斗祈福。

當天早上九時許，會址上已聚集了約廿多位花炮會善信準備進行儀式。他們早已將新造的天后像放在為這次儀式設置的神枱，天后像穿戴簇新的袍服和頭飾，旁邊供奉着鮮花、燒肉、雞、茶、酒與水果供品；喃嘸先生則在神枱上準備好疏文、寶帛，還有開光需要用的薑和硃砂毛筆。後方旁邊的桌上則放置了賀誕的神衣。而正後方的桌子，善信們以紅紙墊底，上面放置了斗桶。這個斗桶配備相對簡單，只有常見的剪刀、鏡、尺和油燈，當中也有的會以一支黃色外殼的電筒取代油燈；喃嘸先生則在桌上擺放斗姥和北斗九皇的神像，並將代表祈福儀式的紮作寶珠放在會址外。約上午十時許，喃嘸先生敲響鑼鼓開始儀式。由於會址空間較為狹長，天后像神壇的經壇設在場地的最前方，花炮會的代表面對神壇坐着，他的身後是啟壇儀式用的功曹馬，再後方是斗桶，以及斗姥、九皇所在的桌子。

開壇儀式開始，主科法師以符水灑淨會址範圍的壇場後，特意走到神壇前端靠近天后像的位置替天后灑淨，然後從神壇拿起薑和硃砂筆為神像開光，完成後再走到壇場另一端為米斗開光，而整個開光儀式除了使用硃砂外，主科法師還需要使用火筆開光

天后誕的禮斗儀式。（柴灣，2014）

才告真正完成。及後，喃嘸先生繼續進行啟壇儀式，待儀式結束，眾善信到神壇前向天后上香。

接下來的解洗儀式，喃嘸先生準備好儀式用的百解和寶帛，上方鋪上數十張符紙，另外又以紅紙摺了一隻紙船放在水中，並在旁邊置好燃點香燭的香爐，才開始進行儀式。主科法師誦唱經文，並將早前要求善信提供的三十六個硬幣作卦，投進水中，以設問的方式引出善信們希望獲得「陽錢」的願望。另一位喃嘸先生則指導參與儀式的花炮會代表以符紙象徵式地抹在臉上，再點燃符紙並將灰燼留在水中，代表將身上的災障帶走，然後代表則稍移步到旁邊，然後在場的每位善信輪流參與，當中攜帶孩童參與的善信便要手執小孩的手來完成程序。待眾人一一完成後，喃嘸先生示意主會代表拿取寶帛中層較大張的百解衣，走到現場兩邊以百解衣象徵式地抹在於椅子上就坐的成員身上。當中不少善信在百解衣來到時，會主動伸手將百解衣抹向自己，代表也稍放慢腳步，讓他們盡興，相信這樣可以消災解厄。待完成整個程序後再將整份寶帛百解火化。及後喃嘸先生將掉進水盆中的硬幣按

解洗儀式。（柴灣，2014）

其掉下去時的面向撿出，並將代表「正面」或好的「陽錢」取回交給善信，解洗儀式完成。

接着，喃嘸先生便會開始還經儀式，花炮會的代表按喃嘸先生禮誦經文時的指示，火化觀音經衣紙並將灰燼留在另一盆水中，酬謝神明的庇蔭。

然後喃嘸先生們則移步到設置了米斗、斗姥和九皇神像的桌子開始禮斗儀式。喃嘸先生禮誦經文，在邀請每一個九皇時均有「小開門」等排子樂拍和，洋溢着熱鬧氣氛。花炮會代表則以「貴人指引」衣紙作墊，盛上一個水果並接過九皇的神牌，然後每個九皇再由醮師接過，請到天后像的壇前，直到九皇悉數被請到壇前，主科法師再於九皇前點燃起燈杖，象徵帶來光明，讓善信消災解厄，延年益壽。禮斗完成後，喃嘸先生替善信進行還神。在這個儀式中，喃嘸先生就花炮會、值理會所提供的名字逐個還神，而親身參與儀式的善信均準備了天后衣，待喃嘸先生按參與者的性別、年齡、身份等提出合乎期盼的願望，例如身體健康、祿馬匡扶、出路遇貴人等，善信也連連點頭示好，當喃嘸先生替善信問獲勝杯後，善信便隨即三拜謝過神明庇佑。

在還神後，便進行過關儀式，喃嘸先生會在壇場內架起一塊印有虎口圖案的布帳，令場地像建立了一道臨時的「關門」。過關儀式是由喃嘸先生帶領善信，穿過象徵不同關門的布帳，象徵帶來好運。五個關門分別是東方的木德關、南方的火德關、西方的金德關、北方的水德關、中央的太平關。在儀式前，喃嘸先生向每位參與的善信派發由五色紙和香枝製作而成的「運錢」，並説明儀式的流程，包括在過程中拿着運錢，並跟隨一位負責儀式的喃嘸先生的行列。在儀式中，喃嘸先生會帶領參與者到關門前，説出關門的名稱和性質，以及吉利涵義的祝福如豐衣足食、財源廣進、穿金戴銀等，然後詢問參與者是否希望過這一關，參與善信都雀躍地和應並跟隨喃嘸先生一起穿過關門，環繞壇場一圈後再回到布帳前，準備過下一關。通過象徵吉利的四個關口後，喃嘸先生詢問象徵不吉利的太平關，各位善信還要不要過。善信説「不」的同時，喃嘸先生會將布帳勾起打結，示意善信不用通過，然後將運錢火化，並結束儀式。喃嘸先生示意花炮會成員可以將紥作的寶珠，和早前仍未火化的運錢紙等，拿到會址外的化寶桶火化，約於中午十二時半，完成當天約兩個多小時的禮斗功德祈福活動。

除了上述非常規的祈福禮斗，都市社區也有花炮會會每年邀請喃嘸先生禮斗賀誕。花炮會是善信的組織，每逢他們供奉的神明誕辰便聚集慶賀。而各花炮會慶賀的規模也各異，部分會準備以紥作的花炮慶賀，並備有各種食物供品，如有成員的家庭

過關儀式，喃嘸先生為善信準備運錢。（南丫島索罟灣，2011）

迎來了新生成員，也會準備紅雞蛋酬謝神恩。而一個近年開始參與慶賀青衣天后誕的花炮會，不少成員昔日從事電船、租艇的業務，他們會在上環其花炮會成員寶號的位置，設立臨時的壇場舉行禮斗祈福活動。他們的禮斗儀式往往安排於不用工作的星期日早上，而由於青衣天后誕在農曆四月初，因此花炮會通常在賀誕前的周日舉行禮斗祈福，可見都市生活對祈福儀式安排有重要的影響。

在 2017 年一個禮斗的活動，場所設於路旁樹下一個露天位置，並設有兩個壇場，主要而空間較大的是神壇，喃嘸先生在最深處連繫着圍欄的位置掛起了斗姥的卷軸神像，而花炮會則在前方放了數張桌子，並以紅色垃圾膠袋鋪好。斗姥像下是兩個天后像的鏡屏和小型神樓，前方是香爐、九盞油燈，還有更多空間用來放置六隻燒豬，以及各式紅包、棋子餅、雞、紅雞蛋等食物供品，然後是放在地上的香爐。在斗姥和天后的神壇旁另一個較小的壇場則是經壇，僅設一張桌子，喃嘸先生在後方懸掛了一張分為上下兩層的神像畫，上層是三清，下層是太乙和龍虎將，並有枱圍圍好，上面放置了水盂、手爐等法器。至於啟壇用的功曹馬則靠在經壇前方的樹旁，而在不遠處的行人路邊就放置了禮斗儀式用的官箱。而三眾一醮的喃嘸先生也在開壇前準備好參與儀式的善信名單，還有解洗、燒經、禮斗的寶帛和燈杖，以及過關用的運錢。

啟壇儀式在上午十時在經壇開始，花炮會一位代表手持寶帛參與儀式。完成後便走到岸邊，由另一位花炮會成員手持金屬架懸空盛載紮作品和火化衣紙。解洗的儀式則在神壇前的小空地進行，喃嘸先生和一位花炮會代表分別坐在小椅子上，喃嘸先生在前側位置，而花炮會代表則正面面向神壇，喃嘸先生將代表卦象的硬幣投進水盆中，讓善信們期望獲得陽錢。在儀式中，喃嘸先生準備了溪錢，示意每一位花炮會成員前來將溪錢作抹臉狀抹在臉上，並將之燃點後讓灰燼留在盆內。然後喃嘸先生將大張的百解交給代表作抹身狀，再示意其他花炮會成員輪流作狀抹在身上，然後在儀式完結時讓花炮會成員將之連同寶帛火化，象徵帶走厄運。喃嘸先生將代表陽錢的硬幣從水盆中取出，交回花炮會的代表。燒經的儀式則回到經壇進行，而花炮會代表繼續維持在面向神壇的位置參與儀式，聽從喃嘸先生的指示將觀音經衣紙燒進水盆中，在儀式完結時，各花炮會成員齊齊前往神壇上香。

在禮斗和還神儀式開始前，喃嘸先生將官箱和天后的神衣也帶到神壇前，並在經壇開始進行儀式。當儀式到了邀請北斗九皇的部分，擔任主科法師的喃嘸先生走到神壇前站在花炮會代表旁邊，而同壇的喃嘸先生則維持在經壇的位置，並指示各個花炮會成員在迎神時接過官箱，並連同寶帛火化。然後主科法師再走到神壇的天后像前，以燈繚繞天后的神像、神壇上的食物供品和花炮會成員的名單，逐一點亮代表九皇的油燈，並喃誦餘下的經文，然後主科法師示意準備酬謝神恩，花炮會代表需要在神壇前留步，並代表花炮會完成儀式。

為花炮會各成員進行的還神儀式緊接着開始，負責主持儀式的喃嘸先生準備了另一份含有貴人祿馬的寶帛放在神壇的地上，並為每一位善信擲得勝杯以酬還神恩。在這個儀式中，喃嘸先生也會説出符合該花炮會成員的吉祥祝福詞，每個成員都專注地圍繞在喃嘸先生的身後觀看。至於當天未能出席的成員，也可以託付出席者代求代拜，喃嘸先生會提示相關的善信「睇杯」。而不少成員在看到擲得勝杯時也流露笑容，向神壇的天后拜謝。在完成所有花炮會成員的問杯後，再示意花炮會代表將天后神衣火化並前來參與過關儀式。喃嘸先生以路旁的燈杆拉起關門，並向每位花炮會成員派發運錢。部分花炮會成員未能到來，便由他們的代表代為拿着運錢參與儀式。與其他場合的過關儀式一樣，喃嘸先生會帶領參與者到關門前，説出關門的名稱和性質，以及吉利含義的祝福如「火咁旺」、「水頭充足」等，引來參與善信投入地應好，並跟隨穿過關門，穿過四個關口後，直到象徵不吉利的太平關，喃嘸先生將布帳打結勾起，示意善信不用通過，然後將寶帛連同每位花炮會成員的運錢火化，並結束儀式。

在酬神儀式中為善信問杯。（濬西，2010）

在過關儀式後，花炮會成員忙於化奉其他金銀紙錢，並開始收拾食物供品。但喃嘸先生在這個禮斗祈福活動中，還會執行最後簡短的祭幽儀式。喃嘸先生喃誦超度孤魂的經文，完成後讓善信上香。這種儀式安排正代表花炮會的功德也能惠及孤魂，免去祂們侵擾人們現世的生活，達致陰陽兩利，讓儀式在歷時兩個多小時後於十二時半左右完成，並隨即收拾卷軸神像和法器，並歸還經壇的桌椅給花炮會。

第四節　小結

在都市社區的個人和家庭，延請喃嘸先生安排祈福儀式，往往與其生命歷程和生活際遇相關。成長如出生、成年嫁娶；周期如慣常供奉神明的誕期或是歲晚；還是生活上遇上轉折如病癒、業務進展，還是祈求得到祖先的啟示等，都成為需要安排祈福儀式祈禳或酬謝神恩的原因。因此喃嘸先生在承壇功德時，也會注意這些條件狀況，並安排相應的儀式組合。如在脱褐的儀式中免去禮斗和過關，這種安排並無損祈福儀式組合的主旨，而且也切合善信的需要。而在社區群體的祈福活動，包括常規的賀誕，或是不定期的禮斗活動中，禮斗的祈福儀式有主持或敬奉神明習慣的群體等仍然擔當一定的角色。例如西貢蠔涌的車公廟，自 2010 年代末以來在歲晚酬神和農曆二月初一車公誕，均舉行禮斗的儀式。而部分社群的祈福儀式更以大規模的醮會形式舉行，當中也有禮斗的儀式，祈望達到陰陽兩利，例如西貢滘西洲和東龍洲洪聖的醮會、西貢白沙灣的觀音誕、西區常豐里的土地誕、銅鑼灣三角天后的天后誕等。

在轉變急速的都市社會，儀式和營生、社區生活都不如昔日般緊密連繫。周期性的賀誕禮斗儀式，花炮會往往定於周末和周日舉行，希望年輕一代成員也可以參與，足見都市生活習慣對傳統儀式的影響。不少昔日水上人社群已上岸多時，過往的業務和社群紐帶已變得較為脆弱，而年輕一代一般在都市成長，對傳統祈福儀式大都不重視，尤其見於脱褐儀式。而都市的居住環境相對較小，年輕一代也對在家居空間安奉神明和祖先有不同的想法，是以昔日喃嘸先生到宅執行祈福儀式的安排，也面對更大的挑戰。儘管面對轉變中的生活方式、儀式場景和空間，但喃嘸先生仍一直運用其專業知識，包括妥善運用法器工具設壇行儀，靈活回應善信的需要。

不論是個人還是社區的祈福儀式，啟壇的儀式一方面仍然保持莊重，例如脱褐富有較強的教化意味，但另一方面也有不少祈福儀式包含了和善信互動的元素，而遊九州的儀式工具、內容和説唱形式、過關的喃嘸先生説出眾人的願望、禮斗豐富的拍和音樂，讓善信們能在愉快的氣氛中參與。儀式的莊諧並重讓善信在過程中能夠盡情投入，並過渡到新的階段，無災無障地迎向未來。

第六章

喪禮與度亡

馬健行

第一節　昔日的喪禮與度亡

死亡是人生必經階段，而在香港都市生活的華人，在安排喪禮或回應死亡相關的幽冥概念時，在沒有特別偏好、特定宗教的情況下，往往會按傳統的方式，尤其是邀請儀式專家以不同的儀式來超度先靈，讓亡靈安息，既福澤後人，也讓人們相信經過妥善的處理就能避免祂們侵擾現世人們的生活。因此，喃嘸先生在華人社群有關喪禮和度亡儀式中擔當着尤其重要的角色。在都市社區喃嘸先生的儀式體系中，喪禮儀式被視為「黃壇」，有別於祈福的「清壇」儀式，「黃壇」有其所屬的經本和相關法器使用等知識，當中擔任召請和安奉亡靈等儀式的喃嘸先生被稱為「靈寶法師」。是以都市社區的喃嘸先生各司其職，既對應喪禮主家和治喪環境的需求和轉變，並執行儀式及協助生者和逝者過渡至另一個階段。

昔日，由喃嘸先生主持的喪禮與超度亡靈的儀式在都市社區甚為普遍。在二十世紀初，儀式一般在家中進行，或有部分於喃嘸道院舉行。以下一則 1920 年代的報道，便描述了水上社群延請喃嘸先生替他們已離世的家庭成員安排包括陰配的齋事功德。

近世科學昌明、神權本應徹底消滅，而一般神棍之流，竟從中施其技倆，以棍騙婦女，可惡已極。對海有一某喃巫館，前夕有數婦類皆蛋籍中人，到該館作其娶鬼加法事。該館與之紮備紙新娘紙新郎紙轎及種種紙紮，又大鬧鑼鼓，由晨早六時至晚上一時許，嚣擾殊甚，最可發噓者，於鑼鼓中大打其六國封相高邊大鑼，斯時數婦則席地用白布掩面大哭，如喪考妣，唉唉之聲、哭成一片。附近隣人觀此怪狀，圍觀如堵，而三五之喃巫佬、則穿其八卦道服、有手執銅鈴或劍或木魚、往來跳舞、口中高唸其白口經，一如劇台上之伶人，直鬧至夜深一時後始已。左右隣里，真不堪其擾矣。[1]

報道中呈現了當時現代化思潮中，對傳統儀式較為負面的批判，同時也記載了儀式的安排，特別是喃嘸先生使用的法器用具、紮作品及拍和的音樂。如將儀式置於傳統社會的脈絡中，在先人早年離世未有成家立室而家人往往會視之為不圓滿，便會延請喃嘸先生在齋事的功德中安排陰配，正是祈望通過儀式，讓已離世的先靈也過渡到新的階段，令現世的家人也能達到陰安陽樂。

而昔日喪禮所涵蓋的時間與場景安排也與當代有異。在火葬未普及前，即使是在都市社區，人們也會傾向早日設靈，然後安葬，繼而在旬七之期，尤其是三七的日子，進行三虞的祭祀。

長洲北社新會河村白廟鄉兩曜坊祖恩三男梁學字奕滿（又名梁金玉）於上（十一）月十九日終于長洲醫院，享壽七十有餘，卜葬西灣墳場。……假長洲私第舉行三虞之辰家奠，由長洲廣利道院主持法事，超度榮登仙界……[2]

從這段記載，可見喃嘸先生獲延請到喪主的家中主持三七超

1 〈喃巫先生大作怪〉，《香港華字日報》，1927 年 8 月 13 日。
2 〈梁駱斌喪父昨三虞家奠〉，《華僑日報》，1962 年 12 月 11 日。

度的儀式。而齋事功德的規模和時間也受喪主的家境等因素所影響，除了在三七外，或在五七或尾七安排儀式，也可以在打齋的功德外，再邀請一位喃嘸先生「做七」來豐富喪禮的祭奠，因此喃嘸先生初與主家接洽時，除了首要處理先人設靈和出殯的儀式安排，並要了解主家安奉先人靈位，以及守喪期間的齋事安排，不論在家中還是在喃嘸先生的道院進行這些都是必需的。

隨着香港都市的發展，在 1960 年代後較為明顯的轉變是守喪的時間日漸縮短。家人於亡者離世後的第七周（稱為「尾七」）或百日才送走先人靈位的情況也愈罕見，有些更提前在三七，或在出殯後直接除服脱孝完成守喪。而設靈當晚，昔日有不少家庭會通宵或守夜至夜深，但自 1990 年代起，已逐漸縮減到晚上十時許完結。

另外喪禮的主要儀式也愈來愈多改於殯儀館進行。據 1954 年 7 月《工商晚報》的報道所載，市區內的打齋超幽儀式到深夜凌晨[3] 可見於 1950 年代，儘管仍有喪禮於市區的居住環境中舉行，但面對祭祀安排的壓力已愈見嚴峻。另一方面是都市醫療和公共衛生的改變，使市民離世的場景由家中轉到醫院，以及港九於 1970 年代以來都有新的殯儀館投入服務。是以過去的人在家中離世發喪後便土葬的傳統，隨着時代的轉變，改為於醫院逝世後將遺體移送到殯儀館舉殯，而舉殯後靈柩則被移送到火葬場火化，甚至有家屬希望喪禮從簡，即在醫院進行簡便的儀式後隨即

3 〈優待打齋〉，《工商晚報》，1954 年 7 月 19 日。

長洲海濱亭設靈的喪禮。(長洲，2011)

長洲海濱亭的齋事功德。(長洲，2010)

出殯。因應這些轉變，喃嘸先生執行度亡儀式的地方便不再局限於先人家中，而喪禮亦漸趨於殯儀館內舉行。在 1983 年的一段報道中，將時代進步與傳統儀式專家結合而談，當中也展示出正因喪禮在殯儀館舉行已成時代趨勢，是以喃嘸先生當中的靈寶法師所執行的儀式正是回應社會處理死亡的需要。

說起喃巫先生這一行，源出張天師，是民間一種傳統的科儀習俗。舉凡打醮、死人開路、回魂或舞龍獅點睛，割生雞取血進行各種法事等等，不一而足。多年前，本港及內地多有「正一道院」的招牌，這就是喃巫先生的辦事處，以承接大小功德。時至今日，傳統習例雖屬依然；但正一道館的招牌，港九市區已越來越少見。究其原因，可能後繼無人，年青的一代因環境及科學進步，頭腦趨新，使學喃巫的興趣大減。與電子科技的人才輩出，真不可同日而語。

另一方面，近年來，九龍多了幾間殯儀館，喃嘸先生也大派用場，每間殯儀館必有一兩位喃嘸先生名額，以便隨時替喪家做事。但據說，這些喃嘸先生不一定值得全套科儀。曉得「開路」、「回魂」靈寶科，未必懂得打醮及其他功德，如登壇作法唸經等等。[4]

喃嘸先生會按先人離世的情況安排相應的儀式，一則 1965 年的報道便描述了喃嘸先生到意外肇事現場進行招魂的儀式，這正反映出喃嘸先生作為處理亡靈的儀式專家角色尤為重要。時至

4 〈青年頭腦趨新‧道館後繼無人〉，《華僑日報》，1983 年 8 月 8 日。

今天，這些祭祀肇事亡者的場合，仍然會延請喃嘸先生獨立執行招魂儀式，這個儀式並不一定與及後的喪禮和其他超度活動掛勾，喪主在自由安排不同儀式的同時，喃嘸先生及其執行的招魂儀式旨在讓亡者盡快從儀式中獲得引領，免得成為遊魂和受難。

……因此在何氏逝世後家人安排喪事，一切採佛教儀式，昨午十二時半何煒航夫人偕同三兒女乘車至馬會，在何氏當日墮馬處招魂……招魂儀式由喃嘸先生主持，在跑道上燃點香燭，何夫人及三兒女並排，跪於草蓆上，長子通明手持幡桿，上寫「殘兮歸來」！喃嘸先生打着叮叮，連吹三次牛角，口中唸唸有詞，招魂儀式歷時約二十分鐘完畢，何氏家人隨登車返殯儀館。[5]

當代香港社會急速轉變，作為儀式專家喃嘸先生仍一如既往地擔當着重要角色。當市民需要籌辦喪事，一般都會聯絡喪禮承辦商並落實安排。儘管喪禮度亡活動日益簡化，並逐漸形成一套在市區常見的儀式活動安排，過程中負責執行儀式的喃嘸先生仍會讓家屬在參與儀式的過程中祭度先靈。

第二節　當代於殯儀館舉行的喪禮儀式與安排

當代香港都市的殯儀館，大多是一座樓高數層的建築物，建築物由數百呎到數千呎不等，由大小不同的房間組成，這些房間

5　〈遺屬昨日舉行沉痛招魂儀式〉，《華僑日報》，1965 年 4 月 19 日。

於殯儀館內設靈的喪禮祭幽儀式。（北角，2019）

便是都市舉行喪禮儀式的靈堂。當進入靈堂的空間，內裏設有一個固定的祭台，即「靈前」的位置，主要放置先人的遺照、香爐和供品，面向大門的右方，主要是家屬駐守位置，方便向前來奠祭的來賓致謝，另一方往往是設置儀式經壇的位置。靈堂兩邊的其他空間則擺放了椅子供來賓就坐。而在祭台的後方，大多被安排作存放先人遺體的靈寢室。至於在門口附近的位置，則主要被用作喪主的簽到處，並留有大約一張小桌大小的空間，用來安奉觀音大士。

喃嘸先生承壇喪禮儀式，會按靈堂大小和儀式的規模來佈置壇場。一般五眾一醮規格的喪禮中，喃嘸先生以三張桌子鋪設壇場，其中一張架上了紙竹紮製的壇場法座「蓮花座」，座下的桌子則以綴有刺繡圖案的枱圍圍繞，擺放在上面的主要是香爐、水盂、太乙救苦天尊的神像、疏文、十供禮器等法器和儀式用具。門口安奉的大士是一幅不大於兩尺，置於玻璃屏的畫像，在儀式進行時使用，完成後則會連同蓮花座和法器等一併放回稱為「擔箱」的儀式工具箱內。由於桌子每邊可坐兩位喃嘸先生，末端設有可供進行儀式活動的空間，主要用作主科法師行儀的位置，而醮師則坐在面向靈堂範圍一側的蓮花座旁，也就是在使用鑼鼓起腔的都講法師的旁邊。是以包括開壇、誦經、祭幽的儀式也以這種壇場設定為主，而在祭幽的儀式中，主科法師更會登上蓮花座進行祭幽儀式。紮作品是當代喪禮儀式的重要組成部分，個別儀式更必需配合紮作品的使用方能妥善執行。因靈堂地方有限，例如代表祖先的紅旛和先人的白旛，以及分別代表祖先和先人的牌位，會被置於靈前，部分較大型但需要在儀式中使用的紮作品，如沐浴亭、望鄉台、「妹娣」僕人和金銀橋等，則會在相關儀式進行時才被搬到壇場中，在完成後又再被移送到靈堂外或同層大堂附近的位置，與大屋、文明轎、轎夫、金山、銀山等其他紮作品並置。

當代市區的喪禮，主要是合共兩天的儀式，包括在晚上「坐夜」的環節和超度先人，以及於翌日出殯。坐夜一般會於下午四時到五時左右開始，經過「開路」的儀式，然後主家會先享用晚餐，約六時或六時半左右開始進行晚上的其他儀式。近年坐夜儀式的時間有縮短的趨勢，故喃嘸先生也需要縮減儀式間的間距等，按各喪禮與殯儀承辦商的意願，以令坐夜於九時左右完結，然後主家便可以提早回家休息，準備翌日的先人出殯。日常由喃嘸先生承壇於殯儀館執行的喪禮儀式，在坐夜的部分包括開路、開壇、誦經、破獄、遊十殿、囑誦和祭幽。翌日早上出殯則包括買水、辭生、辭靈和纓紅的儀式。在香港大部分以火葬方式處理遺體，即於殯儀館設靈並於翌日出殯火葬，並除服脱孝完成喪禮，從中可窺見喃嘸先生在當代喪禮度亡儀式中的實踐概況。

開路儀式是坐夜的第一個儀式，並由一位喃嘸先生負責。負責開路儀式的喃嘸先生到達靈堂後，往往會與殯儀承辦商再次核對先人和喪主家庭成員的名字和親屬稱謂等資料，然後準備儀式用的路票、疏文，並在先人和祖先的牌位芯以及紅白旛上寫上文字。喪禮中，喃嘸先生領家屬在祭台的靈前開始儀式，喃誦經文並在儀式的過程中將先靈帶到靈堂準備接受超度，當中準備的路票猶如傳統社會官僚系統使用的公文，讓先靈來臨也不受阻隔。因此，開路儀式標誌着儀式的空間成為靈堂，喪禮設靈由此開始，家屬和來賓也開始上香致祭。

開路之後是啟壇的儀式，常見的是喃嘸先生五眾一醮的組合。喃嘸先生在蓮花法座的位置啟壇，而主科法師則在枱末的位置行儀，以符水潔淨靈堂內壇場的範圍，並恭請道教高階的神明以及主管地方幽冥的神明到座，然後全體道眾到靈堂大門旁為觀音大士開光，再走到靈前，以火筆為代表先靈的紮作牌位和旛開光，先靈便得以臨壇接受超度。

在開壇儀式過後，喃嘸先生再以蓮花座為經壇開始約十分鐘的誦經儀式。誦經的內容包括淨天地咒來潔淨壇場、香咒以傳達訊息給神明，還有以救贖亡魂為主旨的經文。儀式過後喃嘸先生會在靈堂中央擺放獄盆，和代表九個主要方位的磚瓦，以及中間有一個點燃蠟燭的小器皿。儀式需要孝子手抱代表先靈的牌位和白旛，跟隨喃嘸先生的步伐環繞獄盆走動，主科法師以劍逐一擊破磚瓦。這部分完成後，喃嘸先生以鑼、鼓、大鈸拍和，孝子會將牌位和白旛交給主科法師，法師也會先後手持白旛和牌位在獄盆中央舞動，最後手抱牌位躍過獄盆，並在過程中向點燃的器皿噴水，製造火焰升起的效果，也象徵先人已被救離地獄。

破地獄儀式後，工作人員需要處理磚瓦碎片、寶帛灰燼和油漬等善後工作。也因製造火焰後會產生較濃烈的氣體，尤其是在空間較小的靈堂，堂倌在許可的情況下，會請家屬和賓客暫時離開靈堂，而喃嘸先生則把握時間，準備隨後的儀式用具，包括將紮作的望鄉台移送到靈堂中央附近。負責遊十殿的一位喃嘸先生在儀式開始時，以火筆為望鄉台開光，然後以木魚法器拍和，配合南音的形式，説唱出地獄各殿靈魂受苦的情況。孝子在儀式中抱持先人白旛和牌位，跟隨喃嘸先生環繞整個靈堂，其他穿上孝服的家眷則跟隨在後，若靈堂較小但家屬較多，喃嘸先生則需要判斷環繞時是否延伸至靈堂外走廊的位置以讓所有家屬都可以跟隨隊伍。唱誦完畢，喃嘸先生會示意孝子將白旛和牌位送回祭台。

遊十殿完結後，一般會進行過橋儀式。在這個儀式中，沐浴亭會被帶到靠近靈前的位置，而金橋和銀橋則會被放置在靈堂的中央。堂倌在沐浴亭旁準備好水盆和毛巾，還有紮作的衣履套裝。由於儀式需要開光金橋和銀橋，因此有喃嘸先生會先在蓮花座的經壇開始進行儀式，或是直接在金橋、銀橋旁站立列班開始。孝子先在沐浴亭以毛巾抹過先人的牌位，並拿起衣履套裝拜奉，以象徵為先人潔淨和換上新裝，準備過渡到仙界。主科法師以火筆開光金橋和銀橋，也將分別代表祖先和先人的紅旛和白旛帶到金橋、銀橋前，喃嘸先生喃誦經文，同時祖先牌位先行，然後是先靈的牌位拾級行過金橋和銀橋的每個台階，象徵早上法橋早登仙界。然後所有家屬跟隨着喃嘸先生圍繞金橋、銀橋，最後返回靈前並將紅白旛送回祭台上完成儀式。而囑誦儀式是由一位喃嘸先生執行的，將紮作的僕人「妹娣」帶到靈前開光，並以木魚拍和誦唱教導僕人需要照顧先人的內容。這個儀式在坐夜當晚的次序較為彈性，可以安排在在開壇之後，也可以安排在祭幽前，而破地獄和遊十殿往往連在一起，所以囑誦較少安排在兩者之間。

祭幽是喪禮坐夜中最後的儀式。壇內六位喃嘸先生都會參與其中，並在蓮花法座的經壇開始進行儀式，然後朝禮靈堂門口的大士。啟壇過後，主科法師登上蓮花座，並奏請神明奉行超幽

於殯儀館內設靈的出殯買水儀式。（北角，2019）

科儀，召請亡魂聞經受道。由於當代殯儀館對各個靈堂使用者火化紮作品的時段都已有安排，是以當代的喪禮往往在祭幽儀式期間，喃嘸先生早已得悉紙紮將被火化，除了代表先靈的白旛和牌位外，其他的紮作品也會送往火化。壇內一位喃嘸先生會負責帶領喪主到火化爐的地點，誦經度引亡靈，並提示先人接收子孫們送予的紮作品，完成後再返回祭幽壇上繼續參與儀式。祭幽的儀式完成時，喃嘸先生會恭送大士，堂倌也會召集家屬到靈前，然後由一位喃嘸先生負責在靈前交經，告訴先靈當晚齋事功德已周隆，孝子奠獻茶酒，其後到來賓上香致祭，並完成坐夜的儀式。

翌日早上的出殯儀式活動，通常是以殯儀承辦商訂到的火葬爐時段，減去儀式和交通等所需時間來擬定流程。早上出殯，由買水到辭靈的儀式，負責儀式的一位喃嘸先生會穿上黃色道袍。首先是買水的儀式，孝子在靈前參拜，跟隨喃嘸先生帶領孝眷到靈堂外的樓層大堂，或是地面大堂進行請水，意旨取得潔淨的水源為先人潔淨。喃嘸先生唸誦經文，同時在堂倌協助下將準備好的潔淨的水載到小盆上，並備有毛巾，然後將清水帶到靈寢室，由孝子象徵式地潔淨先人遺體，再返到祭台前與其他孝眷一起參

不少都市家庭選擇火葬，並於當日隨即除服脫孝。喃嘸先生於火葬場為喪主主持儀式。（葵涌，2016）

與拜辭生，喃嘸先生則在靈前誦經，並示意孝眷祭拜。辭生後靈柩會被移到靈堂中央讓孝眷和來賓瞻仰遺容。及後，靈柩會被推回靈寢室或直接在靈堂中央讓仵工蓋棺。喃嘸先生則待蓋棺完成後，在靈堂中央行辭靈禮，喃誦經文並環繞靈柩，再回到靈前鞠躬。禮成後家屬與弔唁人士前往火葬場辭靈。

當靈柩、孝眷和來賓到達火葬場的禮堂，喃嘸先生則繼續穿起黃色的道袍執行辭靈的儀式。喃嘸先生喃誦經文，孝眷則先面向擺放了先人遺像和牌位的祭台前進行祭拜，然後再往旁邊的運輸帶位置將靈柩送往火化。完成了辭靈，喃嘸先生隨即換上紅色的袍衣，代表接下來的儀式已經是轉為吉事的儀式，而孝眷也會在堂倌的協助下除去孝服及將先靈的牌位和旛火化。喃嘸先生在禮堂或附近範圍位置喃誦經文，請求神明庇佑孝眷人等，然後喃嘸先生準備火枝供孝眷和來賓跨過，壽儀承辦商職員則會提供柚葉水供眾人沾上，象徵喪禮的污染也被潔淨。是以繆紅儀式寓意「英雄留後、後代綿長」，也標誌葬禮的完結和迎接新的開始。

第三節　其他喪禮與度亡的安排

現今的喪禮，儀式日見簡化。常見的喪禮正是於出殯當日完成，然後在火葬後，喪禮家屬取回骨灰辦理並安置於靈灰閣的手續，再邀請儀式專家，包括喃嘸先生為先人安身之所安奉，家人也可以通過定期對先人骨灰的祭拜的方式，實踐慎終追遠。當代喪禮的處理，家屬往往與殯儀承辦商在接洽過程中，按需要或相關制度安排決定設靈所需和遺體處理方式等。然而，喪禮家屬的宗教習慣，其族群身份的安排，以及是否體面，也往往影響喃嘸先生主理喪禮與度亡的儀式安排。以下則以數個不同面向，嘗試呈現民間社會處理喪禮與度亡的多樣性。

一、日期、時間、地點

火葬爐以及靈堂的供應，往往是影響家屬決定喪禮儀式日期、時間和地點安排的重要因素。由於當代大部分遺體均以火葬形式處理，因此殯儀承辦商落實預留官方可供選擇的火葬爐時段，以及租用相關日期合適的禮堂，便成為了安排喪禮的前設。因殯儀館和火葬場分別設於港九新界不同區域，殯儀承辦商都會應家屬的要求，盡量安排例如較接近的組合，讓家屬免於舟車勞頓。然而，不同火葬場的處理和承載條件不同，有時為選擇心儀的日期，難免要於時間和地點作取捨，是以在都市的殯儀館設靈後於距離殯儀館較遠的和合石葬場出殯的情況並不罕見，喃嘸先生便在這種安排下承壇儀式活動，並提供相應的儀式。

關於適宜舉辦喪禮的日子，昔日不少人都會按傳統曆法擇日舉殯，盡量避免選用於曆法中忌安葬的日子。當代都市社會安排喪禮，也愈見傾向在周末和周日舉行，這種安排既是希望減少對日常工作帶來的影響，也希望便利來賓前來致祭。然而大眾這種偏好便造成了這些特定日子的靈堂和火葬需求增加，是以從先人離世，處理好文件程序並預留火葬場的時段，也形成了喪禮慣常在先人離世後兩至三周左右舉行，如未能獲安排心儀的日期，家屬以周作為單位來訂定日期的也是常見。尤其考慮到先人的遺體在醫院的殮房可被妥善存放，加上一兩周間距也在傳統理解的旬七之內，這便養成了都市人在挑選喪禮日期時據此來調整的傾向。

至於喪禮坐夜的時間也較昔日為短。於下午五時開路，六時半啟壇至晚上十時左右，也在 2010 年代進一步提前到約九時許。而翌日出殯的時間，隨着當代火葬場也有提供下午時段，使過往主要在上午出殯的習慣開始改變。大眾也會選擇午後的時間出殯，畢竟對不少公眾而言，能敲定喪禮的日期，即使於下午一時或二時出殯也好，如安排了英雄宴也只需要與食店預約好入座時間便可，而最重要的是整個活動可以在當天完成。在這情況下，喃嘸先生或至下午仍在進行相應的出殯儀式，從中也反映出社會的變遷。

儘管都市人舉殯的日期、時間基於不同的因素而定，喃嘸先生通常經殯儀承辦商接洽承壇，也會運用其對曆法的知識，提供黃榜內有關回魂等資訊，讓家屬可以進一步安排祭拜。而若擬定的出殯日期遇上曆法上的重日等特別日期，喃嘸先生也會向殯儀承辦商提出，供他們與家屬考慮是否作出對應的安排，如執行「出小喪」等的儀式，讓先人家屬不受影響。

都市人對習俗的偏好，與有限的火葬爐時段以及靈堂供應的各種因素交織，也為喃嘸先生的儀式日程編排帶來改變。如家屬往往不會安排在冬至等重要時節當晚坐夜，另有很多家屬則希望喪禮可趕及在農曆新年前舉行，例如安排在農曆年廿八坐夜，以及在除夕日出殯，甚至在都市舉行的喪禮卻安排於長洲火葬場出殯，以求取得合時的火葬名額，這反映出都市人面對農曆新年安排喪禮面對的忌諱和考量，尤其不希望不吉利的喪事延續到新一年，務求減少在農曆新年期間守喪的後顧之憂。有見及此，而殯儀館慫生出了「過境」的喪禮安排，尤其在農曆新年前的時段更為受到市民的採用。原本坐夜和翌日出殯的儀式均提前於同一天上午至下午較早的時段舉行。由於可供進行儀式的時間較短，喃嘸先生需要作出配合，或會密集地執行各項儀式，以令喪禮如期完成，讓家屬可以釋懷，並開始新的一年。

而從農曆年初一到十五這段「新正頭」期間，部分人認為在正月十五日前舉行喪禮並不理想，另有部分人認為在農曆新年公眾假期後火葬服務如常提供出殯服務，故農曆年初三日坐夜並在翌日出殯便成為可行的安排。因此由初三起便陸續有喪禮舉行，並逐漸增加。而在臨近農曆新年前離世的先人，當中有些積壓在正月初仍未舉行喪禮，或是有意待正月十五日或之後，甚或是周末和周日才舉行喪禮，這些家屬則需要評估不同條件並作出取捨。而喃嘸先生則在收到殯儀承辦商確定喪禮的安排後，如常執行儀式，讓先人和家屬過渡到新的階段。

二、規模

喪禮在華人社群的文化意涵非常重要，而在都市社會如何實踐並能夠體面地完成，當中的經濟等考量都會影響儀式的安排和規模。一般的喪禮，以五眾一醮坐夜，以及一位喃嘸先生負責翌日出殯的儀式安排，然而先人家屬如希望從簡或更隆重地安排，喃嘸先生也會有對應的編制與儀式提供，讓先靈受度。

近數十年來，在殯儀館舉殯已是都市社會的習慣，不少都市人都認為在殯儀館設靈至少不失體面，也是對先人有所交待的安排。但對經濟環境較為困難的親屬，除了購入較相宜的棺木，租用較小的靈堂和使用較簡約的靈堂佈置外，如延請喃嘸先生提供儀式服務，坐夜的儀式也可以以三眾一醮四位喃嘸先生「小幽」的方式行儀。這種較小規模的儀式，經壇也較為簡單，多數由一張掛在壇場側邊牆上的「十王殿」卷軸圖幅，以及下面擺放的一張鋪上枱圍的桌子組成，經壇上面放置了鐺、木魚、水盂、手爐等法器，喃嘸先生主要圍繞經壇而坐。

現在殯儀館的「小幽」，往往按殯儀承辦商與家屬接洽的安排進行。如果家屬希望喪禮從簡，整壇的紙紮也會略去，四位喃嘸先生執行的儀式，在開路後，便包括了啟壇、誦經三齣，最後是散花的儀式。若先人的家屬也安排了紮作品，則以散花取代坐蓮花祭幽，其他儀式如五眾一醮般進行。另外有些家屬認為先人已是老福老壽安詳離開而不需要破地獄的儀式，部分喃嘸先生或會以執行五路燈儀式來取代。喃嘸先生在經壇準備代表五方的油燈或蠟燭，並在喃誦經文的過程中，示意孝眷將燈請到靈前，象徵先靈能獲得引路來臨場聞經聽法。而翌日早上則由一位喃嘸先生負責出殯辭靈的儀式，兩種小幽也會同樣進行。

若先人家屬希望更簡約地安排喪禮，但仍希望先靈得到儀式的超度，現今社會「院祭」的儀式由一位喃嘸先生於醫院或公眾殮房進行開路儀式，然後將遺體直接送往火葬場火化，喃嘸先生在當場辭靈，一如常見的火葬安排。

「大壇」壇場佈置。（紅磡，2012）

如家屬希望超度法事更為體面，喃嘸先生也會依從壇場的配置及祭幽儀式規模來安排。在壇場方面，包括「大壇」壇場的鋪設讓儀式環境更為莊嚴，並富有層次感。大壇的規模包括蓮花座及另一個經壇場。大壇的壇飾普遍也會在加設的壇場配上三清畫像。畫像下的經壇則由鋪設好枱圍的數張桌子組成，上面主要配置了五供、香爐等法器。至於象徵保護壇場的龍虎大將是否以畫像形式掛在三清的兩旁，還有十王殿及其他神明分別以畫像或鏡屏形式放置在上，這些往往都要按靈堂空間以及喃嘸先生的法器用具配置等去作考量。如鋪設了大壇的坐夜儀式，會由大壇的經壇取代於常規蓮花座下進行儀式的安排，是以蓮花座則留待最後的祭幽儀式使用。而延請喃嘸先生以大壇方式安排喪禮的，除了壇場之外，喃嘸先生人員的配置也會相應增加，使儀式喃誦和音樂的拍和更為豐富，並通過合眾法師的力量，祈求先靈受度。而若喃嘸先生需要增加的話，人數往往是每兩位的增加，醮師也會增加至不少於兩個。

如喪禮的規模更大，則會以「三寶」祭幽規格來安排當晚的儀式。三寶除了是將蓮花座增設至三個，讓三位主科法師坐在蓮花座上同時進行祭幽儀式外，整晚的儀式也會有不少於二十二位喃嘸先生和醮師參與，整場功德的規模更為隆重，先靈也藉着在儀式的喃唱和拍和聲中獲得超度，早登仙界。由於三寶儀式規格及所需的儀式空間較多，安排三寶的功德也會以大壇的方式來鋪設壇場。

三、喪禮前後靈魂的處理：「安靈」、「劈靈」、旬七內的祭拜

現代不少家庭已沒有在家中安奉神位和祖先，由此可以理解為主流的喪禮也隨着出殯並將遺體火化而大抵告一段落。然而先人離世後，也有家庭希望在與殯儀承辦商辦理喪禮期間先靈不致成為無主孤魂，殯儀承辦商便會提出延請喃嘸先生在家中或在道堂安靈，讓先靈在這段時間能獲得照顧。這種安靈的儀式一般由一位喃嘸先生，替寫上先人名字的黃色紙製靈位開光。如家屬在喪禮前安靈，並在殯儀館設靈及在翌日除服脱孝，這個靈位也會被火化，以象徵整個階段的結束。

在較嚴謹執行傳統儀式的家庭，先人離世後在「旬七」期間，即先人離世後每七天的周期，安排喃嘸先生承壇功德齋事儀式。旬七內齋事功德的規模，往往按家屬的經濟能力和意願來決定，而當中的三七，即先人離世後第三周，也被稱為三虞的祭奠，是常見舉行儀式的時刻。喃嘸先生需要和家屬協商儀式的安排，如齋事和「做七」功德的準備事宜。而喃嘸先生也會考慮在喪禮中未有執行的儀式，例如禮懺、散花、五路燈等，讓先靈也在齋事中能聞經受度。然後在家屬屬意的時間，例如是離世後的第七周（稱為「尾七」），甚或是百日才安排喃嘸先生「劈靈」，

即送走靈位，家屬也會除服脫孝，完成守喪期。然而都市生活多姿多彩，交際也頻繁，在守喪期間難免會感到有所限制，是以這種行儀的方式也愈來愈罕見，在最後一個七的齋事功德，或在三七或五七後劈靈，相對是較為讓家屬接受的處理方式。

在都市社會，也有先人家屬認為不需要在殯儀館設靈，而直接在醫院或殮房出殯，並延請喃嘸先生執行相對簡單的院祭。當中也有家庭認為儘管不在殯儀館設靈，但仍希望先靈能得到超度。因此喃嘸先生便於道堂內替先靈執行齋事功德，基本上是將在殯儀館坐夜晚上的儀式移到道堂內執行。

另外，人們在不同情況下的離世，也有機會令喃嘸先生需要編排相應的儀式。例如意外離世的先人，部分家屬接洽殯儀承辦商安排喪禮時也會安排招魂儀式，以先人生前的衣服，配上剪刀、鏡尺和路票儀式文書，並吹響號角來招魂；而因難產離世的，如家屬同意，喃嘸先生會喃誦血湖經，讓先靈得以解脫；若初生嬰兒離世，喃嘸先生則會建議通過安排齋事功德給祖先，並準備紮作的屋、僕人和衣履，讓小孩可得到祖先們的照顧。

在都市社區，仍有不少家庭在家中安奉神位，當遇上家人離世，便會將家中的各個神位和祖先牌位以紅紙覆蓋，象徵不受死亡的污染，直到喪禮完結。殯儀承辦商承接喪禮，並接洽喃嘸先生承壇，也會向親屬查詢是否需要喃嘸先生執行旺屋的儀式。旺屋的安排主要由一位喃嘸先生負責，並主要在除服後，隨即跟隨家屬到先人居住的地方進行。喃嘸先生到達後，會示意家屬準備供品和給各個神位的寶帛，並可以除去封住神樓的紅紙。喃嘸先

在喪禮完結後到喪主家庭灑淨旺屋，並開光祖先神位。（西貢，2012）

生會準備灑淨和開光的法器和用具。在這種情況下的旺屋安排，家屬往往於出殯當天已經除服，並希望先靈在當天可以被安奉為祖先，因此殯儀承辦商也會與喃嘸先生聯繫，並將已製作好家屬屬意材質如鑲嵌瓷相的祖先神位交到喃嘸先生手中，並帶到主家處。喃嘸先生同時也會準備開光用的硃砂筆，並將簪花掛紅材料裝飾在祖先神位上，然後再安放在神枱的位置。喃嘸先生執行的旺屋儀式，以請神開始，然後以符水灑淨家居的範圍，特別是安奉的神位。若旺屋需要開光新的祖先，喃嘸先生會先以硃砂為祖先位點主，然後再以火筆為祖先位開光，並提示家屬奠獻茶酒和寶帛。經過這個儀式，主家家居空間受死亡污染的階段便告一段落，而有安奉先人成為祖先的家庭，也可以從此將逝世先人連同原有的祖先一起供奉。

四、鄉例與儀式

來自不同祖籍的人士僑居香港，他們在安排喪禮時，不少都希望盡力維持其祖籍傳統的安排，包括祭品和儀式安排。殯儀承辦商承接喪禮，並延請喃嘸先生承壇，當中面對主家的不同背景，喃嘸先生在過程中會和殯儀承辦商緊密溝通，並運用對不同族群和鄉例儀式的知識，期望落實安排，同時也讓家屬能妥善準備，讓先靈得以超度。

對部分水上人而言，在殯儀館設靈是有其需要執行的傳統儀式，例如喃嘸先生在啟壇後便需要執行招魂過河的儀式。儀式由一位喃嘸先生負責，將先人的衣服連同剪刀、鏡尺，還有寫上先人資料的路票儀式文書和白旛，架在靈堂門口的位置，並以門口作為儀式場地。在門下則有一盆水盛載着一條活魚，代替原來在儀式中使用的活鴨。蓋因從 1997 年起，香港爆發了四次禽流感，政府基於公共衛生的考量，暫停輸入活家禽，因此儀式使用的活鴨便被換上各種代替品，如活魚、紮作鴨等。活鴨在儀式中的作用是將先人靈魂引送回來，使用活魚並放在水盆作為其中一種替代方案，則取其意在水中。家屬在靈堂近門處面向門外跪拜，面前則有一個香爐，代表這個招魂儀式的祭壇，喃嘸先生喃誦經文，敲響法器和吹響號角，並撒米在地上。完成這一步驟，喃嘸先生便會在孝眷面前問杯，問得勝杯則代表先靈已被招到壇場，孝子便負責將白旛和路票帶回靈前，白旛留待在往後的儀式中使用，而路票則連同寶帛化奉。

除了招魂過河，在部分水上社群的喪禮中也準備了代表先人的紮作「真身」，真身如一個成年人坐着的大小。而在喪禮坐夜的過程中，早前在用作招魂的先人衣服通常也會搭在真身身上。完成遊十殿儀式後，真身會被安排在靈堂前的位置，喃嘸先生也會以火筆為真身開光，並召請先靈享用食物。然後讓孝眷留在真身身旁，輪流向真身奠獻茶酒和餵飯。由於坐夜當晚儀式眾多，也包括這些需要所有孝眷參與的儀式，因此為節省時間，如囑誦儀式或會在孝眷餵飯期間進行，讓孝眷在紙紮品以香枝焫過才送往火化給付先靈。至於坐夜期間，該壇法事若包括散花儀式，喃嘸先生除了喃唱經文讓亡靈解除冤結，並將花米錢交給家屬外，主科法師也會在一條白布上打一個一拉便會解開的繩結，然後提示每位孝眷前來拉開，象徵每位家屬的冤結都會被解除。因此面對不同族群和鄉例，在喪禮中除了相應的儀式，也會於既有的儀式中執行家屬期望的鄉例，讓他們在參與的過程中實踐陰順陽安。

在早上的出殯儀式，也有水上社群家庭會準備各種祭品開祭。而負責的一位喃嘸先生會在靈前主持儀式，請先靈享受子孫準備的各種食物和衣紙。每個子孫的家戶都會在靈前跪拜，喃嘸先生主持問杯，當擲得勝杯便代表先靈已領受了子孫的祭品，各家戶的成員便會化奉寶帛，感謝先靈的庇佑。而在藏壽飯前，有些家庭也會按喃嘸先生指示準備紅綠豆和紅棗等混和白米，在靈堂「煮壽飯」，飯熟時喃嘸先生便會主持儀式召請先靈享用，再將第一碗的飯交予孝子送到靈前奉獻給先靈，然後再示意各個孝眷一起分食，以獲取先靈的福蔭。在買水後，「藏壽飯」這種在不同地方包括水上社群、中山等都會出現的鄉例，亦需要喃嘸先生執行。在出殯當天，家庭如預備了藏壽飯的用品，包括紅色和綠色的器皿或袋，還有飯和酒，喃嘸先生則會主持儀式，並喃誦經文請先靈領受，孝眷一干人等則輪流將飯放進器皿中，再交予孝子放進靈柩內，讓先靈在路上也有子孫的食物相隨。喃嘸先生在出殯的過程中，通過主持儀式令先靈與子孫連繫，子孫對先靈作不同形式的供獻，相信在另一個世界的先靈也會繼續福澤後人。

土葬儀式。（荃灣，2012）

五、土葬與火葬

傳統社會主流的安葬方式是土葬。而葬地則由不同墳場管理團體管理，例如香港華人永遠墳場和食環處轄下的墳場、民政事務處轄下的認可殯葬區以及私人墳場，另外不同墳地地段的規則也不盡相同，如食環處轄下的墳場，需於指定年期屆滿後再遷葬。家屬一般選擇於喪禮後隨即下葬於墳場，部分家屬會選擇停棺並等待合適的葬地。當代的土葬儀式，負責儀式的一位喃嘸先生會在棺木下葬的地點撒下溪錢「旺塚」，在堂倌協助下配置好先人遺像牌位、白旛和祭品成為臨時的祭壇後，喃嘸先生召請先靈，也喃誦經文拜請土地，讓孝眷和致祭者上香和奠獻茶酒祭拜，並讓仵工把靈柩安葬妥善。而如今家屬在土葬完成後便會離開墳地，喃嘸先生再召集家屬拜三朝，以令「拜三朝」的儀式在當天完成。如主家已為先靈安靈，喃嘸先生則會提示家屬取回葬地祭壇燃點的香枝，讓孝子帶回安靈處上香，讓先靈繼續在往後的齋事功德中領受。如主家選擇在土葬後除服，喃嘸先生則如往常般為家屬纓紅，並準備火枝供孝眷和來賓跨過，也沾過柚葉水，解除喪禮的污染。在下葬後，喃嘸先生還會應殯儀承辦商的延請，在墳地泥土狀態等因素許可下，再擇取吉日時辰「旺山」豎碑時主持拜祭的儀式。當代先人下葬在有土葬限期的葬地，祂的骸骨需要遷葬時，一般會以骨殖或火葬的方式處理。先人起骨

骨灰靈龕開光。(大口環，2020)

時往往會找一位喃嘸先生執行儀式，讓地方神明和先靈也得悉這個安排。然後待骨殖或火化成為骨灰，分別置於金塔或骨灰位安奉，殯儀承辦商做好代表先人的石碑後，經家屬擇吉後便再延請喃嘸先生到先人的骨殖或骨灰位開光。先人也在這個過程中被家庭視為入土為安，也讓其後人可以繼續祭祀，並得先人福澤。

當代香港最普遍的是火葬，家屬往往在兩至三周後取得骨灰。不少都市人或需要等待公營的骨灰位，這段期間他們或在道堂設臨時祖先牌位奉祀，而這些牌位不少也會由喃嘸先生開光。其後骨灰位準備就緒，殯儀承辦商為先人骨灰位所造的石碑也已辦妥，家屬便會擇定良辰吉日，然後延請一位喃嘸先生為骨灰開光。開光儀式當天家屬會準備好祭品，然後將骨灰妥善放進骨灰位。如喪主已確認會替先人靈龕簪花掛紅，喃嘸先生則須待安裝石碑的師傅封好圍邊後替骨灰位簪花掛紅後，繼而開始開光儀式。儀式中喃嘸先生請神祭拜骨灰位所在的土地，並準備符水為骨灰位灑淨，然後以硃砂筆點在石碑先人的遺像上，並以火筆開光。開光後家屬奠獻茶酒和火化給祖先的衣包和寶帛，然後就完成了這個簡短的儀式。對不少都市人而言，除服脱孝代表喪禮告一段落，但對於先人的安奉則往往以安奉骨灰作結，從此先人符合現代意義下的入土為安，家屬也真正完成了與這個死亡處理相應的安奉安排，並可以在將來正式進行掃墓，拜祭先祖。

現代不少骨灰位都可同時安奉兩位先人的骨灰，而為先人採用了火葬的遺體處理方式的家庭，亦常見在先人的配偶離世時，也將其骨灰安奉在同一個骨灰位內。而一些提供「家族位」，可供多位先人合葬的骨灰位，每遇上需要加入新成員，也會聘請喃嘸先生來為骨灰位開光。這種合葬的安排，在安灰當天安裝石碑的師傅會帶來新造、代表先人合葬的石碑，並拆除舊有的石碑。家屬會將新安奉的骨灰放進骨灰位內，交由石碑師父封邊，喃嘸先生則按需要替骨灰位簪花掛紅，或開始慣常的開光儀式，先替骨灰位石碑簪花掛紅，再灑淨並以硃砂筆點在石碑的每位成員的遺像上，再以火筆開光。完成儀式後，對家屬而言各個先人也入土為安，正是實現陰安陽樂，過渡到新的階段。

第四節　小結

作為儀式專家，喃嘸先生在都市社會的喪禮和度亡處理中仍然擔當着重要的角色。在 2010 年代末，香港每年大約有五萬人離世。在殯儀館舉行的喪禮中，不少都是由喃嘸先生承壇提供法事儀式服務。在喪禮中，不論是否在殯儀館設靈，還是土葬或火葬，儀式的核心都在於首先開通冥路，讓先靈可以在陰間中被接引到法事功德壇上，接受超度並早登仙界。現代都市的生活節奏，也讓喪禮的安排帶來了變化，尤其時人對守喪與家居宗教空間觀念的改變，以及公共衛生及遺體的處理和安奉，也讓喃嘸先生需要靈活適應變化，在當中既執行傳統的儀式，也在過程中配合都市人的偏好和生活脈搏，讓先靈獲得祭度和妥善安葬或安奉，同時協助家屬完成死亡的處理，並讓他們實踐其不同層次的文化身份認同。

第七章

結論

廖迪生

一、正確儀式動作

地方社會安排節慶活動，家庭為成員安排人生周期儀式，其中一個選擇是聘請喃嘸先生施演科儀，透過他們作為中介，一方面尋求神明的庇佑，另一方面施化幽魂，達到陰安陽樂的境界，這是民間宗教活動的主要意義所在。喃嘸先生科儀的特色是主家的參與，可以說他們施演的科儀，是儀式專家與主家合作的結果。

然而民間宗教與制度化的宗教不一樣，民間宗教沒有統一的信仰體系和宗教經典，但大家都接受超自然世界是由神、鬼、祖先組成，而宗教儀式活動與地方文化、社會組織都有着密切的關係，並且相互擴散影響。大型的地方宗教節慶儀式活動，也就是地方的重要社會活動，活動的組織者，也通常是地方社會的領袖。[1]

在沒有統一的信仰體系和宗教經典的情況下，民間宗教又如何延續呢？提供正一道教科儀服務的喃嘸先生，便成為傳承民間宗教的重要一員。香港的正一道教儀式有很長久的歷史，這個透過師承制度來延續的職業群體，備有他們獨有的、來自師承的科儀書，那是記載喃唱內容、步罡踏斗、符咒書寫的工具書。由於正一道教科儀服務是一項謀生的技能，在傳統社會裏，喃嘸先生非常在意保護他們的科儀技藝，只會傳授給跟從的徒弟，不會輕

1 Liu, Tik-sang, "A Nameless but Active Religion: An Anthropologist's View of Local Religion in Hong Kong and Macau." 2003.

易外傳。他們掌握科儀內涵，是維持與詮釋民間宗教活動的重要持份者。

喃嘸先生的科儀書，可以說是民間宗教理念的間接依據，這裏說「間接」的原因，是因為民眾並不直接閱讀或使用科儀書，而是透過觀賞、跟從喃嘸先生施演的科儀來了解「民間宗教」的意義。喃嘸先生並不是傳道者，他們只是按師承的科儀書施演儀式為主家提供服務。但有趣的是，尤其是在一些歷史悠久的鄉村，會對儀式活動有一些該鄉村的傳統要求，喃嘸先生也樂於配合，所以壇場設計與科儀活動內容，是喃嘸先生與主家商議合作的結果，這也就是喃嘸先生所說的「一處鄉村一處例」。

然而，喃嘸先生的科儀始終是儀式的核心主導。歷史上，王朝國家通過一系列的標準化過程，將神明標準化[2]及強調宗教儀式的「正確動作」（Orthopraxy）[3]。這是王朝國家令地方民眾跟從國家禮制的方法，來劃一地方宗教儀式的差異，讓不同地方都維持着相若的文化系統。喃嘸先生的儀式活動的壇場設計及科儀施演，展現着王朝國家規限的民間宗教內涵，參與者在實際科儀活動中觀察了解，從而產生「正確儀式」的觀念。

2 華琛：〈統一諸神：在華南沿岸推動天后信仰（960-1960）〉，華琛、華若璧著，張婉麗、盛思維譯：《鄉土香港：新界的政治、性別及禮儀》（香港：中文大學出版社，2011）

3 華琛：〈中國喪葬儀式的結構——基本形態、儀式次序、動作的首要性〉，《歷史人類學學刊》，第 1 卷，第 2 期（2003），頁 98-114。

喃嘸先生的科儀書記載着標準的儀式內容，但當他們到地方社會施演儀式時，便要與地方傳統磨合。在大型儀式活動，例如太平清醮及盂蘭勝會，偶而會聽見觀眾批評科儀的安排或細節，偏離他們的地方傳統。很多時候，這些批評者都是年長的女士，因為她們都具有數十年作為儀式觀眾的經驗。

二、正一科儀組織

由於師承的關係，加上科儀服務的地域性，在歷史過程中形成了地域性的科儀傳統。珠江口的地理生態環境，形成陸上與水上社會文化的分野；過去百多年的人口流動，讓香港有來自廣東不同地方的移民，這些操廣東話移民的個別地方傳統儀式需要，促成不同的地方儀式元素在香港延續。

然而，香港在 1970 年代開始的經濟起飛，以及隨後的都市化過程，促使人口急速流動，令到市區範圍內的節慶活動不斷減少，市民對傳統儀式的需求，逐漸轉向喪葬儀式方面。而新界至 1990 年代才開始漸趨都市化，加上新界有比較多的傳統鄉村，故保留了比較多的傳統科儀與節慶活動。

喃嘸先生接受主家的聘用，到主家的地方施演科儀，作為儀式的中介，將主家的訊息送往超自然世界。傳統的正一科儀服務多由家庭單位傳承，科儀技藝以父子或師徒傳承的方式延續。然而要準備及施演一個具規模的正一科儀，需要文書、紙紮、喃唱、步罡踏斗及音樂的人才。這樣，喃嘸先生便要與同行合作，來應付不同的主家需要。在另一方面，由於不同的喃嘸先生都會具備不同的個人興趣及專長，他們也會向其他喃嘸先生學習對方的專長，所以一位喃嘸先生可能曾經跟從多位師傅學習技藝。而其中音樂的學習，更可以是跨行業的。正一的儀式音樂是廣東音樂，其中掌板及嗩吶吹奏技藝，更需要時間浸淫，他們跟隨的師傅可能是粵劇戲班的資深樂師。

由於正一科儀是收費的服務，要吸引主家的欣賞非常重要，因為沒有主家的聘用，正一科儀亦難以延續。經過長時間的發展，正一科儀除了是宗教儀式活動之外，每個儀式都是一個表演，而且是有主家參與的表演。若以太平清醮為例，壇場與科儀按着道教陰陽清濁的原理設計，儀式在公開場所施演，任何人都可以觀看，能讓主辦社區成員也感到自己是清醮活動的一份子。而以個人為焦點的儀式，如成年禮的脱褐儀式，幫助個人過渡重要的人生禮儀，親友都可以參與觀看儀式的過程，分擔儀式主角的焦慮。

在急速的都市化過程中，市區殯儀館喪葬儀式的新安排也反映了市民對喪葬儀式態度的轉變，但將打齋儀式中的破地獄儀式加到殯儀館喪禮中，兩個原來不同時間脈絡舉行的儀式結合在一起，既減少了儀式的次數，亦增加了儀式的可觀性。但由於市區節慶活動式微，祈福儀式需求減少，在社會需要的改變下，喃嘸先生也須相應作出調整，轉向度亡儀式方面發展。

三、編排社會活動的指揮棒

喃嘸先生是儀式專家，但主家也會有一些傳統儀式安排的要求，喃嘸先生大都會相應配合。而在洪亮敲擊音樂的伴奏下，喃嘸先生的科儀環節是整個活動的主導，主家的成員跟從着喃嘸先生的科儀環節，配合活動流程。然而，他們的參與都是被動的。[4]

太平清醮是大型的社區活動，地方選出緣首參加所有的儀式活動。由於有了緣首作為代表，鄉民便可以自由選擇參加或觀賞科儀活動。他們可以透過吉課了解每天儀式的安排，但大部分鄉民都不會參加所有的儀式，也不一定清楚儀式的細節。一些有好奇心的鄉民，其中不乏老太太，或會到壇場觀看科儀施演，而對儀式內容有所了解。然而，當有些儀式需要鄉民參與時，大家都會踴躍參加。

喪禮是重要的人生禮儀，但傳統社會忌諱談論死亡，當有家人去世的時候，喪禮儀式的安排便交由喃嘸先生負責。然而大部分喪家成員對儀式的內容都不太了解，更由於忌諱死亡的原因，甚而不欲了解。然而喪家都會按照喃嘸先生的指示，按部就班的參與所有儀式、完成參與者的責任。

喃嘸先生設立壇場，在敲擊音樂的伴奏中步罡踏斗、喃誦經文。正一壇場與施演的科儀，盛載着複雜多元的意義。對一般儀式參與者來説，他們未必聽得懂經文的內容，也不太明白步罡踏斗的意義。但壇場擺設的意義，就比較容易掌握，一些集體參與的儀式環節，也會得到響應。

4　廖迪生、馬健行：《香港民間儀式：與正一道教科儀專家漫談》（香港：香港科技大學華南研究中心，2021）。

在社區性的太平清醮及個別家庭的喪禮，喃嘸先生的科儀是宗教層面的活動，將儀式參與者與超自然世界連接。兩個儀式的參與者都會跟從並配合喃嘸先生的儀式安排。但對參與者來説，兩個儀式都有重要的社會層面的意義，太平清醮是凝聚群體、維繫社會認同的活動；而喪禮則是家庭組織失去成員，大家面對家庭重組的關鍵時刻。

社區領袖按地方傳統籌辦太平清醮，喪家為死者安排喪禮，聘請喃嘸先生主持科儀。正一的科儀都需要主家成員參與，在喃嘸先生的儀式權威下，成員的參與都是被動的。正一儀式協助個人與社會面對及適應自身的階段性和結構性的轉變，喃嘸先生的儀式動作，就如指揮樂團演奏的指揮棒一樣，指揮着社區的參與節奏。

後記

廖迪生、馬健行

宗教儀式的其中一個主要作用是「轉化」(Transformation),儀式讓參與者過渡進入一個新的階段,改善他們的狀況。這些轉化的對象可以是個人、家庭或社群。在香港,對沒有特定宗教信仰的普羅大眾來説,當他們需要儀式服務的時候,大都會聘請正一喃嘸先生施演科儀,幫助他們完成這些儀式上的轉化需要。

喃嘸先生按照他們的師承傳統,配合地方社會的要求,發展出富有地方特色的民間宗教禮儀。禮斗儀式改變參與者的運程;婚禮儀式確認男女結合,建立家庭,賦予夫婦的角色與責任;盂蘭勝會施化幽魂,清除孤魂野鬼的干擾;太平清醮則祭鬼酬神,將宇宙更新,讓社區有一個新的開始。我們跟隨着喃嘸先生,研究他們的科儀活動,很自然地便會接觸到社會上不同層面的轉化訴求,成為我們認識香港社會轉變的一個途徑。

1991 年,廖迪生在元朗山廈村,第一次深入觀察研究太平清醮。那次的經驗,讓他看見複雜的科儀,以及全情投入參與的鄉民。1993 年,他進入香港科技大學工作,研究方向是香港新界的地方社會,同事蔡志祥教授醉心於太平清醮的研究工作,也引起了他繼續研究太平清醮的興趣。太平清醮是香港地方社會的流行周期性活動,且儀式多是由正一派的喃嘸先生施演。太平清醮的研究讓他認識到香港正一儀式專家的體系,也給他另一個了解地方社會組織的角度。

馬健行於 2004 年開始在香港科技大學修讀研究院課程,研究全真宮觀的道教科儀。他在研究的過程中發現,全真的科儀並不只局限在道堂宮觀內,乾坤經生亦會走出道堂,為公眾施演科儀。這個社會脈絡的呈現,引起他研究廣大社會脈絡中的道教儀式的興趣,並進一步探究正一科儀在香港都市脈絡中的角色。

在都市化的過程中,加上全球化的大環境影響下,都市社區重組、經濟轉型,流動的城市人口帶來多元的文化與認同。然而,來自不同背景的都市人都要面對人類生命歷程中的變化,他們要選擇以何種儀式應對、及要如何吸引成員參與這些儀式活動。這些也是近數十年來,香港民間儀式轉變的重要背景。

為了讀書與工作，很多住在偏遠鄉村和離島的居民都要離開自己的社區，水上居民亦放棄漁業和水上經濟活動遷居岸上。本來聚居的社群成員各散東西，變成為都市居民。如何在這個轉變中維持群體認同，以及個人的持續感？節慶和儀式活動便成為凝聚成員、塑造群體認同的重要機會。主辦單位都會與儀式專家協商安排，在延續侍陰侍陽的傳統觀念下，讓更多成員參與，所以在今天的新界，仍有很多人口稀少的地方，都還能夠保留很多傳統節慶與儀式活動。

在市區，雖然人口眾多，但很多傳統科儀卻漸趨式微。唯一相反的是在殯儀館舉行的喪禮，需求伴隨着人口的增加而上升，加上火葬形式的流行，讓香港發展了一套在殯儀館舉行的喪葬儀式。然而在近數十年香港社會變遷的脈絡中，各地的節慶活動、祈福醮會，以及喪葬儀式等傳統，都面對人手流失、資源短缺的難題。參與成員為口奔馳，只能按工作與生活節奏參與節慶和人生禮儀的儀式活動，主辦單位也因而需要作出相應配合。能夠延續到今天的儀式，都是各傳統制度之間的磨合與交織的現實。

正一科儀是香港及鄰近地方的珍貴傳統，是地方社會文化的組成元素。2014 年，香港的首份《非物質文化遺產清單》收錄了正一派的科儀。我們也趁着這個機遇，向公眾介紹香港這個獨特的文化傳統。2018 年及 2023 年，我們分別得到衞奕信勳爵文物信託及香港非物質文化遺產資助計劃的支持，舉辦了兩個工作坊，讓正一儀式專家講解他們的科儀內容與結構。這項書稿的出版計劃，是我們的研究及弘揚正一科儀工作的延續。

這部書稿可以面世，要感謝多方面的支持。首先是得到非物質文化遺產資助計劃的「伙伴合作項目」資助這項研究出版計劃，讓我們可以進一步深入研究、整理資料，及撰寫文稿出版，與讀者見面。感謝香港科技大學華南研究中心的同事，在各方面的支持配合，尤其是常常要到田野記錄活動過程。此外，也感謝香港教育大學社會科學與政策研究學系的多方面協助。本書的編輯出版，要在有限的時間中完成，中華書局編輯部同仁，在緊迫時間下處理排版與印刷工作，功不可沒。

在我們的研究過程中，得到多位喃嘸先生及醮師的認同與幫忙，我們衷心感謝！他們是王明豪、朱宏宇、江有財、何敬威、吳富權、吳錫桄、李子強、李漢東、周省、林細、唐光裕、馬家霖、高潤貴、崔敬彬、梁承文、梁承宗 、梁國賓、梁嘉俊、梁嘉樂、郭伯偉、郭浩賢、郭凱邦、郭喜業、郭智輝、郭燦輝、陳沛松、陳家輝、陳偉均 、陳偉秋、陳偉權、陳進明、陳裔堅、陳裔鈿、陳權鋒、陶煜明、黃天豪、黃永強、黃振忠、黃偉暉、黃偉樂、黃偉賢、黃澤霖、黃錦志、詹偉文、劉瑞謙、歐陽建勳、蔡銘業、鄧就杏、鄭松波、霍永基、霍寶林、謝國才、謝國良、鍾卓維、鄺健威等。然而，在不同大小的儀式功德裏，曾經幫助我們的，實不止上述各位師傅。

正一科儀是喃嘸師承與地方習俗的結合，是統一但亦包容差異的流行傳統。由於科儀類別繁多，我們未能仔細記錄所有地方的差異。所以本書稿定有很多可以進一步完善與補充的地方，希望拋磚引玉，引起大家對正一科儀的興趣。然而，行文內容若有錯漏，皆應為作者之責任，萬望讀者賜正！

參考文獻

一、報章

《工商日報》

《工商晚報》

《香港華字日報》

《香港華字晚報》

《循環日報》

《華僑日報》

二、中文參考書目

田仲一成，2019，《中國的宗族與演劇：華南宗族社會中祭祀組織、儀禮及其演劇的相關構造》，錢杭、任余白翻譯。香港：三聯書店。

周樹佳、濤淘，2015，《鬼月鈎沉：中元、盂蘭、餓鬼節》。香港：中華書局。

非物質文化遺產辦事處，〈正一道教儀式傳統〉，網址：https://www.icho.hk/tc/web/icho/representative_list_zhengyi.html，擷取日期：2023 年 10 月 12 日。

非物質文化遺產辦事處，《香港非物質文化遺產代表作名錄》，網址：https://www.icho.hk/tc/web/icho/the_representative_list_of_hkich.html，擷取日期：2025 年 1 月 12 日。

非物質文化遺產辦事處，《香港首份非物質文化遺產清單》，網址：https://www.icho.hk/tc/web/icho/ich_inventory_of_hong_kong.html，擷取日期：2025 年 1 月 12 日。

卿希泰（編），1994，《中國道教》（4 冊）（滬版）。上海：知識出版社。

夏思義（Patrick H. Hase），林立偉譯，2014，《被遺忘的六日戰爭》。香港：中華書局。

馬健行，2014，〈轉變中的潔淨社區儀式：佛堂門天后誕太平清醮個案研究〉，《延續與變革：香港社區建醮傳統的民族誌》，蔡志祥、韋錦新編，頁 413-438。香港：中文大學出版社。

陳子安，2018，《漁村變奏：廟宇、節目與筲箕灣地區歷史，1872-2016》。香港：中華書局。

陳守仁，1996，《神功戲在香港：粵劇、潮劇及福佬劇》。香港：三聯書店。

陳守仁、湛黎淑貞，2018，《香港神功粵劇的浮沉》。香港：中華書局。

陳蒨，2015，《潮籍盂蘭勝會：非物質文化遺產、集體回憶與身份認同》。香港：中華書局。

華琛（James L. Watson），2011，〈骨與肉：廣東社會對死亡污染的處理〉，《鄉土香港：

新界的政治、性別及禮儀》，華琛、華若璧編著，頁 293-320。香港：中文大學出版社。

華琛（James L. Watson），2011，〈統一諸神：在華南沿岸推動天后信仰（960-1960）〉，《鄉土香港：新界的政治、性別及禮儀》，華琛、華若璧編著，頁 223-256。香港：中文大學出版社。

華琛（James L. Watson），2003，〈中國喪葬儀式的結構——基本形態、儀式次序、動作的首要性〉，《歷史人類學學刊》，第 1 卷，第 2 期，頁 98-114。

華德英（Barbara E. Ward），1985，〈伶人的雙重角色：論傳統中國裏戲劇、藝術與儀式的關係〉，《從人類學看香港社會：華德英教授論文集》，馮承聰等編譯，頁 157-182。香港：大學出版印務公司。

鄒興華，2011，〈保護非物質文化遺產——香港經驗〉，《非物質文化遺產與東亞地方社會》，廖迪生編，頁 111-137。香港：香港科技大學華南研究中心、香港文化博物館。

廖迪生，2000，《香港天后崇拜》。香港：三聯書店。

廖迪生，2011，〈「非物質文化遺產」：新的概念、新的期望〉，《非物質文化遺產與東亞地方社會》，廖迪生編，頁 3-29。香港：香港科技大學華南研究中心、香港文化博物館。

廖迪生，2012，〈一個 30 年的約會：記井欄樹村「安龍清醮」〉，《田野與文獻：華南研究資料中心通訊》，第 66 期，頁 1-6。

廖迪生，2013，〈文字的角色：在香港新界的一些田野研究經驗〉，《田野與文獻：華南研究資料中心通訊》，第 70 期，頁 10-13。

廖迪生，2014，〈傳統、認同與資源：香港非物質文化遺產的創造〉，《香港嘅廣東文化》，文潔華編，頁 200-225。香港：商務印書館。

廖迪生，2022，《香港廟宇》（上下卷）。香港：萬里機構。

廖迪生、馬健行，2021，《香港民間儀式：與正一道教科儀專家漫談》。香港：香港科技大學華南研究中心。

蔡志祥，2000，《打醮：香港的節日和地域社會》。香港：三聯書店。

蔡志祥，2002，〈族群凝聚的強化：長洲醮會〉，《諸神嘉年華：香港宗教研究》，陳慎慶編，頁 199-221。香港：牛津大學出版社。

蔡志祥，2019，《酬神與超幽》（上卷：香港傳統中國節日的歷史人類學視野、下卷：1980 年代香港新界清醮的影像民族志）。香港：中華書局。

蔡志祥、韋錦新（編），2014，《延續與變革：香港社區建醮傳統的民族誌》。香港：中文大學出版社。

蔡志祥、韋錦新、呂永昇，2011，《儀式與科儀：香港新界的正一清醮》。香港：香港科技大學華南研究中心。

黎志添，2007，《廣東地方道教研究：道觀、道士及科儀》。香港：香港中文大學出版社。

黎志添，2023，《香港廟宇碑刻志：歷史與圖錄》（3 冊）。香港：香港中文大學出版社。

黎志添、游子安、吳真，2010，《香港道教：歷史源流及其現代轉型》。香港：中華書局。

鍾國發，2010，《香港道教》。北京：宗教文化出版社。

三、英文參考書目

Ahern, Emily M. 1978. "The Power and Pollution of Chinese Women." In Arthur P. Wolf (ed.), *Studies in Chinese Society*. Stanford: Stanford University Press, pp. 269-290.

Brim, John. 1974. "Village Alliance Temples in Hong Kong." In Arthur P. Wolf (ed.), *Religion and Ritual in Chinese Society*. Stanford: Stanford University Press, pp. 93-103.

Chan, Selina Ching. 2018. "Heritagizing the Chaozhou Hungry Ghosts Festival in Hong Kong." In Christina Maags and Marina Svensson (eds.), *Chinese Heritage in the Making: Experiences, Negotiations and Contestations*. Amsterdam: Amsterdam University Press, pp. 145-167.

Chan, Wing-hoi. 1986. "Observations at the Jiu Festival of Shek O and Tai Long Wan, 1986." *Journal of the Hong Kong Branch of the Royal Asiatic Society*, vol. 26, pp. 78-101.

Faure, David. 1986. *The Structure of Chinese Rural Society: Lineage and Village in the Eastern New Territories*. New York: Oxford University Press.

Feuchtwang, Stephan. 1992. *The Imperial Metaphor: Popular Religion in China*. London: Routledge.

Hooper-Greenhill, Eilean. 2000. *Museums and the Interpretation of Visual Culture*. London: Routledge.

Kani, Hiroaki. 1967. *A General Survey of the Boat People in Hong Kong*. Hong Kong: Southeast Asia Studies Section, New Asia Research Institute, Chinese University of Hong Kong.

Khun, Eng Kuah-Pearce and Zhaohui Liu (eds.). 2016. *Intangible Cultural Heritage in Contemporary China: The Participation of Local Communities*. London: Routledge.

Lagerwey, John. 2019. "The Emergence of a Temple-Centric Society." *Min Su Qu Yi,* issue 205, pp. 29-102.

Liu, Tik-sang. 2003. "A Nameless but Active Religion: An Anthropologist's View of Local Religion in Hong Kong and Macau." In Daniel L. Overmyer (ed.), *Religion in China Today*. pp.67-88. *China Quarterly*, Special Issues, no. 3. Cambridge: Cambridge University Press.

Ma, Kin Hang. 2009. *Rituals in Publicity: The Transformation of a Taoist Monastery in Hong Kong's Northern New Territories*, MPhil Thesis. Hong Kong: Hong Kong University of Science and Technology.

Ma, Kin Hang. 2015. *The Survival of a Marginal Occupation: "Nammo" Ritual Specialists in Urban Hong Kong*, PhD Dissertation. Hong Kong: Hong Kong University of Science and Technology.

Naquin, Susan and Chün-fang Yü (eds.). 1992. *Pilgrims and Sacred Sites in China*. Berkeley: University of California Press.

Daniel L. Overmyer, Gary Arbuckle, Dru C. Gladney, John R. McRae and Rodney L. Taylor. 1995. "Chinese Religions: The State of the Field, Part II, Introduction." *Journal of Asian Studies*, vol. 54, no. 2, pp. 314-321.

Saso, Michael R. 1989. *Taoism and the Rite of Cosmic Renewal* (2nd ed.). Washington: Washington State University Press.

Teiser, Tephen F. 1995. "Popular Religion." *Journal of Asian Studies*, vol. 54, no. 2, pp. 378-395.

Tsao, Ben-Yeh. 1989. *Taoist Ritual Music of the Yu-Lan Pen-Hui (Feeding the Hungry Ghost Festival) in a Hong Kong Taoist Temple*. Hong Kong: Hai Feng Publishing Co.

UNESCO. United Nations Educational, Scientific and Cultural Organization. "Text of the Convention for the Safeguarding of the Intangible Cultural Heritage." https://ich.unesco.org/en/convention (accessed on June 30, 2022).

Van Gennep, Arnold. 1961. *The Rites of Passage*. Chicago: University of Chicago Press.

Ward, Barbara E. 1985. "Regional Operas and their Audiences: Evidence from Hong Kong." In Johnson, David, Andrew Nathan and Evelyn Rawski (eds.), *Popular Culture in Late Imperial China.* Berkeley: University of California Press, pp. 161-187.

Ward, Barbara E. 1989. *Through Other Eyes: An Anthropologist's View of Hong Kong*. Hong Kong: Chinese University Press.

Wolf, Arthur P. 1974. "Gods, Ghosts, and Ancestors." In Arthur P. Wolf (ed.), *Religion and Ritual in Chinese Society.* Stanford: Stanford University Press, pp. 131-182.

Yang, C. K. 1961. *Religion in Chinese Society: A Study of Contemporary Social Functions of Religion and Some of their Historical Factors*. Berkeley: University of California.

香港非物質文化遺產系列

正一道教儀式傳統

廖迪生　馬健行　著
香港科技大學　　支持

* 除特別說明外，本書所有照片均由作者拍攝

責任編輯　胡卿旋
版式設計　陳佩珍
排　　版　陳美連
印　　務　劉漢舉

出　　版
中華書局（香港）有限公司
香港北角英皇道 499 號北角工業大廈一樓 B
電話：（852）2137 2338
傳真：（852）2713 8202
電子郵件：info@chunghwabook.com.hk
網址：http://www.chunghwabook.com.hk

發　　行
香港聯合書刊物流有限公司
香港新界荃灣德士古道 220 － 248 號荃灣工業中心 16 樓
電話：（852）2150 2100
傳真：（852）2407 3062
電子郵件：info@suplogistics.com.hk

印　　刷
新精明印刷有限公司
香港仔大道 232 號城都工業大廈 10 樓

版　　次
2025 年 3 月初版

規　　格
大 16 開（287mm x 178mm）

ISBN
978-988-8912-33-9